全国高等职业教育技能型紧缺人才培养培训推荐教材

建筑装饰工程施工

（建筑工程技术专业）

本教材编审委员会组织编写

主　编　郝　俊

副主编　李晓芳

主　审　赵　研

中国建筑工业出版社

图书在版编目（CIP）数据

建筑装饰工程施工/郝俊主编. —北京：中国建筑工业
出版社，2005
全国高等职业教育技能型紧缺人才培养培训推荐教材.
建筑工程技术专业
ISBN 978-7-112-07168-5

Ⅰ.建... Ⅱ.郝... Ⅲ.建筑装饰—工程施工—高等
学校：技术学校—教材 Ⅳ.TU767

中国版本图书馆 CIP 数据核字（2005）第 066937 号

全国高等职业教育技能型紧缺人才培养培训推荐教材

建筑装饰工程施工

（建筑工程技术专业）

本教材编审委员会组织编写

主 编 郝 俊

副主编 李晓芳

主 审 赵 研

*

中国建筑工业出版社出版、发行（北京西郊百万庄）

各地新华书店、建筑书店经销

廊坊市海涛印刷有限公司印刷

*

开本：787×1092 毫米 1/16 印张：8 字数：192 千字
2005 年 7 月第一版 2014 年 11 月第九次印刷
定价：**15.00** 元
ISBN 978-7-112-07168-5
（20903）

本书由六个单元组成,阐述了抹灰工程、门窗工程、楼地面工程、块料饰面等分项分部工程施工工艺、材料和机具选择、质量标准与检验方法,配有针对实际工程的实训课题。

本书的特点是按现行的材料、质量检验规范、标准、安全措施等编写,内容简洁,实用性、可操作性强。

本书既适用于建设行业技能型紧缺人才培养培训工程高职建筑工程技术专业学生使用,也可作为相应专业岗位培训教材。

＊　　＊　　＊

本书在使用过程中有何意见和建议,请与我社教材中心(jiaocai@china-abp.com.cn)联系。

责任编辑:朱首明　刘平平
责任设计:郑秋菊
责任校对:刘　梅

本教材编审委员会名单

主任委员：张其光

副主任委员：杜国城　陈　付　沈元勤

委　　　员：（按姓氏笔画为序）

丁天庭　王作兴　刘建军　朱首明　杨太生　杜　军

李顺秋　李　辉　施广德　胡兴福　项建国　赵　研

郝　俊　姚谨英　廖品槐　魏鸿汉

序

改革开放以来,我国建筑业蓬勃发展,已成为国民经济的支柱产业。随着城市化进程的加快、建筑领域的科技进步、市场竞争的日趋激烈,急需大批建筑技术人才。人才紧缺已成为制约建筑业全面协调可持续发展的严重障碍。

面对我国建筑业发展的新形势,为深入贯彻落实《中共中央、国务院关于进一步加强人才工作的决定》精神,2004年10月,教育部、建设部联合印发了《关于实施职业院校建设行业技能型紧缺人才培养培训工程的通知》,确定在建筑施工、建筑装饰、建筑设备和建筑智能化等四个专业领域实施技能型紧缺人才培养培训工程,全国有71所高等职业技术学院、94所中等职业学校、702个主要合作企业被列为示范性培养培训基地,通过构建校企合作培养培训人才的机制,优化教学与实训过程,探索新的办学模式。这项培养培训工程的实施,充分体现了教育部、建设部大力推进职业教育改革和发展的办学理念,有利于职业院校从建设行业人才市场的实际需要出发,以素质为基础,以能力为本位,以就业为导向,加快培养建设行业一线迫切需要的高技能人才。

为配合技能型紧缺人才培养培训工程的实施,满足教学急需,中国建筑工业出版社在跟踪"高等职业教育建设行业技能型紧缺人才培养培训指导方案"编审过程中,广泛征求有关专家对配套教材建设的意见,组织了一大批具有丰富实践经验和教学经验的专家和骨干教师,编写了高等职业教育技能型紧缺人才培养培训"建筑工程技术"、"建筑装饰工程技术"、"建筑设备工程技术"、"楼宇智能化工程技术"4个专业的系列教材。我们希望这4个专业的系列教材对有关院校实施技能型紧缺人才的培养培训具有一定的指导作用。同时,也希望各院校在实施技能型紧缺人才培养培训工作中,有何意见和建议及时反馈给我们。

建设部人事教育司

2005年5月30日

前　言

本书是根据教育部和建设部联合制定的"高等职业教育建设行业技能型紧缺人才培养培训指导方案"中的专业教育标准、培养方案及主干课程教学基本要求，并按照国家现行的相关规范和标准编写的。

编写过程中，编者结合长期教学与工程实践经验，以培养高等技术应用型人才为主线，基本理论部分以"必需、够用"为度，以强调应用为目的。教材中选编的习题、案例、实训课题，均来自工程实际，具有较强的针对性和实用性。

本书由内蒙古建筑职业技术学院郝俊任主编。参加编写工作的人员分工是：郝俊（绪论、单元4）、李仙兰、李晓芳（单元1）、唐丽萍（单元6），李清（实训课题），赵育红（单元2、单元5）、李仙兰、郝俊（单元3）。

本书由黑龙江建筑职业技术学院赵研教授担任主审，在本书的编写过程中得到了内蒙古建筑职业技术学院、内蒙古建校建筑勘察设计院、四川建筑职业技术学院、黑龙江建筑职业技术学院等单位的大力支持，并参考了一些公开出版和发表的文献，在此一并致谢。

限于编者的理论水平和实践经验，加之编写时间仓促，书中不妥之处在所难免，恳请广大读者和同行专家批评指正。

目　录

绪　　论

课题 1　建筑装饰工程施工的发展及施工新技术

1.1　材　料　发　展

建筑装饰既是一个历史悠久的行业，同时又是一个新崛起的行业。

20 世纪 60 年代前后，建筑物的装饰一般都是在抹灰的表面刷石灰浆、大白浆和可赛银等，只有少量的高级建筑才使用壁纸、大理石、花岗石、地板和地毯等高级装饰材料。

到了 20 世纪 70 年代以后，陆续出现了新的材料和新的施工技术，采用了机械喷涂做喷毛饰面，并推广了聚合物水泥砂浆、喷涂、滚涂、弹涂饰面做法，较好地解决了装饰面层开裂、脱落和颜色不均及褪色等问题，各种墙纸、塑料、装饰制品、地毯等中高档装饰材料的应用也越来越多。

20 世纪 90 年代以来，建筑装饰已从公共建筑迅速扩展到千家万户家庭住宅装饰上，胶合板、纤维板、塑料板、钙塑装饰板、铝合金板等材料，做为墙体和顶棚罩面装饰，质量轻、增强了装饰效果，提高了工效，改善了劳动环境。各种性能优异的内外墙建筑涂料，如丙烯酸涂料、乳胶漆、真石漆面等，延长了使用年限，改善了建筑物饰面的外观效果。

1.2　施　工　新　技　术

随着改革开放和经济建设的深入发展，人们对建筑物的环境和功能有了更多的要求，无论是居住建筑，还是大型公共建筑，在建筑装饰设计、施工、选材和验评方面，均把适应现代化的要求作为最终目标。新材料、新工艺、新技术的广泛应用，使我国的建筑装饰技术向着多元化、多风格、多功能、高层次等现代化方向发展。

当前，饰面装饰已从传统的湿作业抹灰，发展为采用装饰混凝土、涂料饰面、陶瓷饰面、石材饰面、壁纸和墙布饰面、玻璃饰面、塑料饰面和金属饰面。其中陶瓷饰面的镶贴技术，已相继研制开发出不含甲醛的多种胶粘剂，既克服了传统做法易出现的空鼓脱落问题，也解决了环保问题。随着室内外天然石材饰面的广泛应用，促进了产品品种和镶贴技术不断更新，产品品种已发展到镜面、火烧防滑面、雕刻面等多种产品，镶贴技术已从传统的灌浆法发展到直接干挂工艺，从而解决了长期存在的石材表面变色问题；玻璃和金属饰面，已从室内装饰发展到室外幕墙，成为集装饰、围护为一体的新型技术。金属框架采用组合装配式结构，饰面材料采用热工、光学、安全性能和景观效果较好的新型玻璃，并且综合使用铝塑复合板、花岗石壁板、不锈钢饰面板和多层树脂采光壁板等，使铝和玻璃的单一立面效果得到丰富，幕墙的保温、隔热、隔声和抗震性等总体质量，已趋向高档化。

顶棚装饰技术已基本废除了木龙骨板条抹灰的单一作法，采用了轻钢龙骨、铝合金龙骨和多种装饰板吊顶。其组织形式有活动式（明龙骨）、隐蔽式（暗龙骨）和敞开式等，且可与灯盘、灯槽及空调、消防烟雾报警装置、喷淋装置等构成完整的装饰造型。另外，采用玻璃或非玻璃透明材料作采光屋顶，已成为现代建筑屋面装饰的一种时尚作法。为了适应建筑装饰施工技术的发展需要，国家配套制定了《建筑装饰装修工程质量验收规范》、《建筑内部装修设计防火规范》、《玻璃幕墙工程技术规范》等有关标准，使我国建筑装饰施工技术的质量标准有了科学依据，从而规范了建筑装饰行业市场。总之，现代建筑装饰施工行业正步入一个充满生机活力的激烈竞争的时代，具有十分广阔的市场前景。

课题 2 建筑装饰工程的作用及与相关工程的关系

2.1 装饰工程的作用

2.1.1 美化环境、满足使用功能要求

建筑装饰对于改善建筑内外空间环境，美化生活和工作环境，具有显著的作用。同时经过装饰施工对建筑空间的合理规划与艺术分隔，满足使用功能要求，采用装饰装修材料或饰物，对建筑物的内外表面及其空间，包括控制环境污染所进行的各种处理和美化过程。

2.1.2 保护建筑结构，增强耐久性

建筑物的耐久性受多方面因素的影响，它与工程设计、施工质量、荷载等因素有关，还受自然条件的影响，如水泥制品会因大气的作用而变疏松，钢材会氧化而锈蚀，竹木受微生物的侵蚀而腐朽；另有人为因素的影响，如在使用过程中由于碰撞、磨损以及水、火、酸、碱的作用也会使建筑结构受到破坏。建筑装饰采用现代装饰材料及科学合理的施工工艺，对建筑结构进行有效的包覆施工，使其免受风吹、雨打、湿气侵袭、有害介质的腐蚀以及机械作用的伤害等，从而起到保护建筑结构，增强耐久性，并延长建筑物使用寿命的作用。

2.1.3 体现建筑物的艺术性

建筑是人的活动空间，建筑装饰工程又每时每刻都在人的视觉、听觉、意识、情感直接感受到的空间范围之内，其艺术效果和所形成的氛围，强烈而深刻地影响着人们的审美情趣，甚至影响人们的意识和行动，一个成功的装饰设计方案，优质而先进的装饰材料和规范而精细的装饰施工，可使建筑获得理想的艺术价值从而富有永恒的魅力。

建筑装饰造型的优美，色彩的华丽或典雅，材料或饰面的独特，质感和纹理、装饰线脚和花纹图案的巧妙处理，细部构件的体形、尺度、比例的协调把握，是构成建筑艺术和美化环境的重要手段和主要内容。一座美丽的城市，既要有鳞次栉比风格各异的建筑物，更有赖于优美时尚的建筑装饰装修。

2.2 装饰工程与相关工程的关系

建筑装饰是建筑工程的深化、再创造，必然与建筑、结构、设备等多方面有着密切的

联系。

2.2.1 与建筑的关系

建筑装饰是对建筑物装扮和修饰，因此，对建筑要有一个准确的理解和认识，如对建筑的属性、艺术风格、建筑空间性质和特性等应有较好的把握。才能更好的发挥，使建筑艺术与人们的审美观协调一致，从而在精神上给人们以艺术享受。

2.2.2 与建筑结构的关系

建筑装饰与建筑结构的关系有两层：一是建筑结构给装饰再创造提供了充分发挥的舞台，装饰在充分发挥结构空间的同时，又保护了结构构件。二是与结构矛盾时的处理，结构是传递荷载的构件，在设计时充分考虑了受力情况，要经计算而定。装饰需要改变结构或在结构上开洞或取舍，必将影响结构，所以规范规定不得在结构上任意开洞或取舍，如必须改变，则应进行计算核实。因此，建筑装饰与结构的关系是密切的，且是互相依赖和补充的。

2.2.3 与建筑设备的关系

建筑装饰不仅要处理好装饰与结构的关系，而且还必须认真解决好装饰与设备的关系，否则影响建筑装饰空间的处理，同时也影响设备的正常运行和使用，特别是装饰工程大部分是界面处理，因此与建筑设备的空调、水暖、监控、消防、强弱电、管线以及照明设备等各方面的协调配合必须处理好。

2.2.4 与环境保护的关系

建筑装饰虽然给人们提供了一个生活、学习、工作的美好环境，但由于用料和施工工艺不当也会造成环境的二次污染，有的甚至还很严重。因此装饰施工必须严格执行国家规范，控制因建筑装饰材料选择不当，以及工程的勘察、设计、施工过程中造成的室内环境污染。

任何天然的岩石、砂子、土壤及各种矿石无不含有天然放射核素。主要是铀、镭、钍等长寿命放射同位素。长寿命放射同位素镭-226、钍-232、钾-40 放射的 γ 射线和氡是造成室内污染的主要来源，对人体危害最大，其中氡的内照度危害约占一半。因此必须控制氡在单位体积空气内的含量。

表 0-1 为无机金属建筑装饰材料放射性指标限量表，表 0-2 为无机非金属建筑装饰材料放射性指标限量表。

<table>
<tr><td colspan="2" align="center">无机金属建筑装饰材料
放射性指标限量</td><td align="right">表 0-1</td></tr>
<tr><td align="center">测 定 项 目</td><td align="center" colspan="2">限 量</td></tr>
<tr><td align="center">内照射指数（I_{Ra}）</td><td align="center" colspan="2">≤1.0</td></tr>
<tr><td align="center">外照射指数（I_γ）</td><td align="center" colspan="2">≤1.0</td></tr>
</table>

<table>
<tr><td colspan="3" align="center">无机非金属建筑装饰材料
放射性指标限量</td><td align="right">表 0-2</td></tr>
<tr><td rowspan="2" align="center">测 定 项 目</td><td colspan="2" align="center">限　　量</td></tr>
<tr><td align="center">A</td><td align="center">B</td></tr>
<tr><td align="center">内照射指数（I_{Ra}）</td><td align="center">≤1.0</td><td align="center">≤1.3</td></tr>
<tr><td align="center">外照射指数（I_γ）</td><td align="center">≤1.3</td><td align="center">≤1.9</td></tr>
</table>

内照射指数 I_{Ra}，是指建筑材料中天然放射性核素镭-226 的放射性比活度，除以规定的限量 200 而得的商，可按下式计算：

$$I_{Ra} = \frac{C_{Ra}}{200}$$

式中　C_{Ra}——镭-226 放射性比活度，单位为 Bq/kg（贝可/千克）；

I_γ——外照射指数，是指材料中天然放射性镭-226、钍-232 和钾-40 放射性比活度除以各自单独存在时限量而得的商之和，可按下式计算：

$$I_\gamma = \frac{C_{Ra}}{370} + \frac{C_{Th}}{260} + \frac{C_k}{4200}$$

式中 C_{Ra}、C_{Th}、C_k 分别为天然放射性核素镭-226、钍-232、钾-40 的放射性比活度，单位为 Bq/kg（贝可/千克）。

近年来，国内外对室内环境污染进行了大量研究，已经检测到的有害物质达数百种，常见的有 10 种以上，其中绝大部分为有机物，主要源于各种人造木板、涂料、胶粘剂等化学建筑装饰材料产品，这些材料会在常温下释放出许多有害、有毒物质、造成空气污染，因此，必须控制这些有害物质在空气中的含量，以达到环保要求。如《民用建筑工程室内污染控制规范》（GB 50325—2001）中，对室内用水性涂料总挥发有机化合物（TVOC）和游离甲醛的含量提出了控制限量，见表 0-3。

室内用水性涂料中总挥发性有机化合物和游离甲醛限量　　　表 0-3

测 定 项 目	限 量	测 定 项 目	限 量
TVOC/（g/L）	≤200	游离甲醛/（g/kg）	≤0.1

课题 3　建筑装饰工程施工课程的特点分析与对策

建筑装饰工程施工是由许多分项工程组成，而每一分项工程的施工可采用不同的施工方案、不同的施工方法和不同的机具来完成。如何根据施工对象的特点、规模、环境、机具设备和材料供应等情况，运用先进技术、保证工程质量、提高生产效率，选择最合理的施工方案，从而研究其内在的规律是本课程研究的对象。

建筑是技术与艺术结合的产物，而深化和再创造的建筑装饰就更加需要知识、技术以及艺术的支撑。因此，学习过程中要具备广泛的知识（如人文、地理、环境艺术和建筑知识），才能更准确地理解设计意图，合理选用材料，使用先进的施工工艺，从而达到建筑装饰艺术与技术的完美结合。

随着科学技术的发展和社会的进步，建筑装饰施工技术也发生了质的变化，逐渐从过去的湿作业向干作业、多元化、复杂化方向发展，如各类装饰面板的制作安装，配套的装饰产品就位安装以及自动化、智能化的技术的应用，体现了现代技术与建筑施工技术广泛的结合和发展。因此建筑装饰施工技术正步入一个多学科、多行业共同发展、共同促进的科学轨道。

单元1 抹灰工程施工

【知识点】 掌握内墙、外墙、顶棚一般抹灰的施工工艺和工艺要求，掌握抹灰工程的质量标准和检查方法；熟悉抹灰工程的概念、分类和组成，熟悉装饰抹灰的施工工艺和工艺要求；了解抹灰工程常用的材料和工具，了解抹灰工程细部做法。

课题1 抹灰工程的基本知识

1.1 抹灰工程的分类、组成

抹灰工程是将各种砂浆、装饰性石屑浆、石子浆直接涂抹在建筑物的墙面、顶棚、地面上，既具有保护建筑结构的功能，还具有装饰作用。

1.1.1 抹灰工程的分类

抹灰工程按抹灰的部位可分为室外抹灰、室内抹灰、顶棚抹灰。按抹灰的材料和装饰效果可分为装饰抹灰和一般抹灰。装饰抹灰按所使用的材料、施工方法和表面效果又可分为拉条灰、拉毛灰、水刷石、水磨石、干粘石、剁斧石及弹涂、滚涂等。一般抹灰采用的材料主要为石灰砂浆、混合砂浆、水泥砂浆、麻刀（玻纤）灰、纸筋灰和石膏灰等，按主要工序和表面质量又可分为普通抹灰和高级抹灰，一底、一面和一个中间层为普通抹灰，一底、一面和若干个中间层为高级抹灰。当设计无具体要求时，按普通抹灰施工。

1.1.2 抹灰工程的组成

为保证抹灰平整、牢固、避免龟裂，抹灰应分层次进行，每层不宜太厚。各种抹灰层的厚度应视基层材料的性质、所选用的砂浆种类和抹灰质量的要求而定。抹灰类饰面一般应由底层、中间层、饰面层三部分组成，分层构造见图1-1。

（1）底层抹灰主要起到与基层墙体粘结和初步找平的作用。

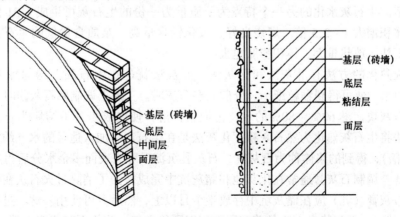

图1-1 墙面抹灰的分层构造

5

（2）中层抹灰在于进一步找平以减少打底砂浆层干缩后可能出现的裂纹，材料与底层基本相同。

（3）面层抹灰主要起装饰作用，因此要求面层表面平整、无裂痕、颜色均匀。所使用材料为各种砂浆。

1.2 抹灰工程常用材料和工具

1.2.1 抹灰的常用材料

（1）水泥

常用的水泥有硅酸盐水泥、普通硅酸盐水泥和矿渣硅酸盐水泥等，强度等级不得低于32.5。水泥使用前必须对其凝结时间和安定性进行复验，同一生产厂家、同一等级、同一品种、同一批号且连续进场的水泥，袋装不超过 200t 为一批，散装不超过 500t 为一批，经检验合格后方可使用。不同品种的水泥不得混用，不得采用未做处理的受潮、结块水泥，出厂已超过 3 个月的水泥应经复验后方可使用。

（2）石灰

石灰是将以碳酸钙（$CaCO_3$）为主要成分的岩石如石灰岩、贝壳石灰岩等，经适当煅烧、分解、排出二氧化碳（CO_2）而制得的块状材料，其主要成分为氧化钙（CaO），其次为氧化镁（MgO），通常把这种白色轻质的块状物质称主块灰，以块灰为原料经粉碎、磨细制成的生石灰称为磨细生石灰粉或建筑生石灰粉。

1）石灰的主要技术性质

石灰具有较强的保水性，利用这一性质，将其掺入水泥砂浆，配合成混合砂浆，克服了水泥砂浆容易泌水的缺点；凝结硬化慢、强度低、吸湿性强；体积收缩大，其收缩变形会使制品开裂，因此，石灰不宜单独用来制作建筑构件及制品；耐水性差，石灰胶凝材料不宜用于潮湿环境及易受水浸泡的部位；化学稳定性差，石灰及含石灰的材料长期处在潮湿空气中，容易与二氧化碳作用生成碳酸钙，这种作用称为"碳化"，石灰材料还容易遭受酸性介质的腐蚀。

2）石灰的熟化　石灰的熟化指的是生石灰（CaO）加水之后水化为熟石灰 [$Ca(OH)_2$] 的过程。

生石灰具有强烈的水化能力，水化时放出大量的热，其放热量和放热速度比其他胶凝材料大得多。生石灰水化的另一个特点为：质量为一份的生石灰可生成 1.31 份质量的熟石灰，其体积增大 1～2.5 倍。煅烧良好、氧化钙含量高、杂质含量低的生石灰（块灰），其熟化速度快、放热量大、体积膨胀也大。

生石灰熟化的方法有淋灰法和化灰法。淋灰法就是在生石灰上均匀加入生石灰量70%左右的水，便可得到颗粒细小、分散的熟石灰粉。工地上调制熟石灰粉时，每堆放半米高的生石灰块，淋 60%～80%的水，再堆放再淋，使之成粉且不结块为止。目前，多用机械方法将生石灰熟化为熟石灰粉。化灰法是在生石灰中加入适量的水（约为块灰质量的 2.5～3 倍），得到的浆体称为石灰乳，石灰乳沉淀后除去表面多余水分后得到的膏状物称为石灰膏。调制石灰膏通常在化灰池和储灰坑中完成。为了消除过火石灰在使用中造成的危害，石灰膏（乳）应在储灰坑中存放半个月以上，然后方可使用。这一过程叫作"陈伏"。陈伏其间，石灰浆表面应敷盖一层水，以隔绝空气，防止石灰浆表面碳化。

3）石灰的作用

石灰膏可用来粉刷墙壁和配制石灰砂浆或水泥混合砂浆。用熟化并陈伏好的石灰膏，稀释成石灰乳，可用作内、外墙及顶棚的涂料，一般多用于内墙涂刷。由于石灰乳为白色或浅灰色，具有一定的装饰效果，还可掺入碱性矿质颜料，使粉刷的墙面具有需要的颜色，以石灰膏为胶凝材料，掺入砂和水后，拌合成砂浆，称为石灰砂浆。它作为抹灰砂浆可用于墙面、顶棚等大面积暴露在空气中的抹灰层。

在抹灰工程中采用的石灰为块状生石灰经熟化陈伏后淋制成的石灰膏。为保证过火生石灰的充分熟化，以避免后期熟化引起抹灰层的起鼓和开裂，生石灰的熟化时间一般应不少于15d，如用于拌制罩面灰，则应不少于30d。如果采用磨细的生石灰粉代替，生石灰粉仍要经一定时间的熟化，用于拌制罩面灰时熟化时间不小于3d，以避免出现干裂和爆灰现象。当要求抹灰层具有防水、防潮功能时，应采用防水砂浆。

（3）砂　一般抹灰砂浆采用普通中砂（细度模数为3.0～2.6），或与粗砂（细度模数为3.7～3.1）混合掺用。抹灰用砂要求颗粒坚硬洁净，含黏土、淤泥不超过3%，在使用前需过筛，去除粗大颗料及杂质。应根据现场砂的含水率及时调整砂浆拌合用水量。

（4）石粒　装饰抹灰面层所用的材料有彩色水泥、白水泥和各种颜料及石料，石粒中较为常用的是大理石石粒，具有多种色泽。常用大理石石粒的品种、规格有质量要求见表1-1。

常用大理石石粒的规格、品种及质量要求　　　　　　　　表1-1

规格与粒径对照		常　用　品　种	质　量　要　求
俗称规格	粒径/mm		
大二分	≈20	汉白玉、奶油白、黄花玉、桂林白、松香黄、晚霞、蟹青、银河、雪云、齐灰、东北红、桃红、南京红、铁岭红、东北绿、丹东绿、莱阳绿、潼关绿、东北黑、竹根霞、苏州黑、湖北黑、芝麻黑、墨玉	颗粒坚韧，有棱角，洁净不得有风化石粒及碱质或其他有机物质。使用时应冲洗过筛
一分半	≈15		
大八厘	≈8		
中八厘	≈6		
小八厘	≈4		
米粒石	≈2		

（5）纤维材料麻刀、纸筋、玻璃纤维是抹灰砂浆中常掺加的纤维材料，在抹灰层中主要起拉结作用，以提高其抗裂能力和抗拉强度，同时可增加抹灰层的弹性和耐久性，使其不易脱落。麻刀应均匀、干燥、不含杂质，长度以20～30mm左右为宜，用时将其敲打松散。纸筋分干、湿两种，拌和纸筋灰用的干纸筋应用水浸透、捣烂，湿纸筋可直接掺用，罩面纸筋应机碾磨细。玻璃纤维丝配制抹灰浆可耐热、耐久、耐腐蚀，其长度10mm左右为宜，但使用时要采取保护措施，以防其刺激皮肤。

1.2.2　抹灰砂浆的配制

抹灰砂浆拌合时要严格按照设计要求。抹灰砂浆的拌制可采用人工拌制或机械拌制。一般中型以上工程均采用机械搅拌。机械搅拌可采用纸筋灰搅拌机和灰浆搅拌机。搅拌不同种类的砂浆应注意不同的加料顺序。拌制水泥砂浆时应先将水和砂子共拌，然后按配合比加入水泥，继续搅拌至均匀、颜色一致、稠度达到要求为止。

内墙抹灰分层常用做法见表1-2，顶棚抹灰分层常用做法见表1-3，外墙抹灰分层常用做法见表1-4。

内墙抹灰分层常用做法 表1-2

序号	灰浆种类	适用范围	分层做法
1	石灰砂浆	纸灰浆面层	1. 底层 1:3 石灰砂浆 2. 面层纸筋灰
2	混合砂浆	砖墙基层和混凝土基层涂刷面层	1. 底层 1:1:6 或 1:2:9 2. 面层 1:0.5:5
3	水泥砂浆	涂饰、裱糊、踢脚线	1. 底层 1:2.5 或 1:3 2. 面层 1:2
4	纸（麻刀）筋灰砂浆	板条墙	1. 底层 1:2.5 2. 面层细纸（麻刀）筋灰
5	混合砂浆	贴砖墙面	1. 底层 1:0.5:4 2. 中底 1:0.5:2.5（纸筋、麻刀） 3. 结合层:水泥浆
6	水泥砂浆	钢网墙面	1. 底层 1:0.5:3 2. 中层 1:2.5 或 1:3 3. 面层
7	混合砂浆	钢网墙面	1. 底层 1:1:6 2. 1:1.5:7.5 3. 1:0.5:4
8	石膏灰	墙面	1. 底层 1:2.5 或 1:3（麻刀） 2. 面层 1:0.5 或 1:0.6（石膏掺入白灰）
9	石灰泥浆	墙面	1. 底层 1:3 石灰浆泥 2. 面层　纸筋灰浆

顶棚抹灰分层常用做法 表1-3

序号	灰浆种类	适用范围	分层做法
1	白灰砂浆	板条顶棚	1. 底层 1:2 纸筋（麻刀）灰砂浆 2. 面层细纸筋（麻刀）灰压光
2	混合砂浆	混凝土顶棚	1. 底层 1:2 或 1:3 水泥麻刀灰刮底 2. 中层 1:2 粗纸筋灰砂浆 3. 面层细纸筋（麻刀）灰压光
3	水泥砂浆	混凝土顶棚	1. 底层 1:0.5:3 水泥纸筋（麻刀）灰浆 2. 面层细纸筋（麻刀）灰压光
4	白灰浆	钢网平顶	1. 底层 1:1:4 水泥、麻刀、灰砂浆 2. 中层 1:2 麻刀灰浆 3. 面层　细纸筋（麻刀）灰浆压光

外墙抹灰分层常用做法 表1-4

序号	灰浆各类	适用范围	分层做法
1	石灰粘土砂浆	土坯（砖）墙、板条墙	1. 草泥打底，分二遍成活 2. 1:3 石灰黏土罩面
2	混合砂浆	砖墙基层	1. 底层 1:1:6 或 1:2:9 2. 面层 1:1:6 或 1:2:9
3	水泥砂浆	砖墙或混凝土墙基层	1. 底层 1:2.5 或 1:3 2. 面层 1:2 或 1:2.5

序 号	灰浆各类	适 用 范 围	分 层 做 法
4	石灰砂浆	砖墙基层 加气混凝土砖块或条板基体	1. 底层 1:3 或 1:2.5 2. 面层 1:1 (石灰膏:草纸)
5	水刷石	砖墙基层 混凝土墙体基层	1. 底层 1:2.5 或 1:3 (水泥砂浆两遍成活) 2. 中层 纯水泥浆结合层面层 1:2.5 或 1:1.5 水泥浆

1.2.3 常用工具

施工前应根据工程特点准备好抹灰工具

（1）常用抹灰工具

1）抹子 抹灰用各种抹子，如图 1-2 所示。

A. 方头铁抹子：用于抹灰。

B. 圆头铁抹子：用于压光罩面灰。

C. 木抹子：用于搓平底灰和搓毛砂浆表面。

D. 阴角抹子：用于有圆弧阴角部位的抹灰面压光。

E. 圆弧阴角抹子：用于压光阴角。

F. 阳角抹子：用于压光阳角。

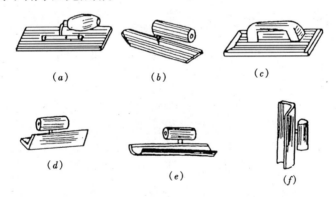

图 1-2 常用抹灰工具

（a）方头铁抹子；（b）圆头铁抹子；（c）木抹子；（d）阴角抹子；（e）圆弧阴角抹子；（f）阳角抹子

2）辅助工具 抹灰用各种辅助工具，如图 1-3 所示。

A. 托灰板：用于操作时承托砂浆。

B. 铝合金杠：用于冲筋和整平抹灰层。

C. 八字靠尺：用于做棱角的标尺，其长度按需要截取。

D. 钢筋卡子：用于卡紧八字靠尺或靠尺板。常用 $\phi 6 \sim \phi 8$ 的钢筋制成，尺寸视需要而定。

E. 靠尺板：一般用于抹灰线，长约 $300 \sim 350 \text{cm}$，断面为矩形，要求双面蚀光。靠尺板分厚薄两种，薄板多用于做棱角。

F. 托线板和线锤：主要用于测量立面和阴阳角的垂直度，常用规格为 $1.5 \text{cm} \times 12 \text{cm} \times$

200cm，板中间有一条标准线。

G. 刷子：用于室内外抹灰洒水。

H. 粉线包、墨斗：用于弹线。

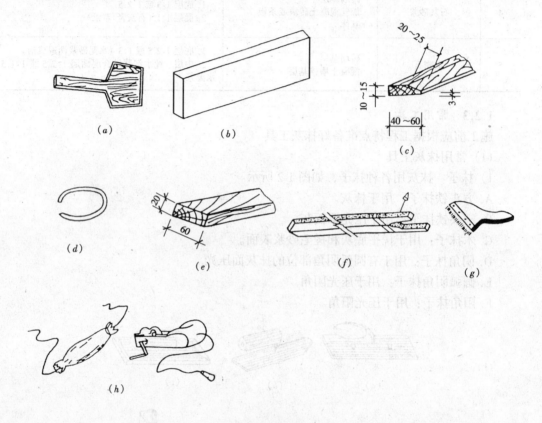

图 1-3　辅助工具

（a）托灰板；（b）铝合金杠；（c）八字靠尺；（d）钢筋卡子；（e）靠尺板；
（f）托线板和线锤；（g）刷子；（h）粉线包、墨斗

课题2　抹灰工程的施工准备

2.1 基 体 处 理

为使抹灰砂浆与基体表面粘结牢固，防止抹灰层产生空鼓、脱落，抹灰前应对基体表面的灰尘、污垢、油渍、碱膜、跌落砂浆和混凝土等进行清除。不同材质的基体表面应有相应的处理，以增强其与抹灰砂浆之间的粘结强度。

（1）光滑的混凝土基体表面的处理。一是对光滑的混凝土表面进行凿毛处理，即用扁铲或錾子在混凝土表面凿密密麻麻的坑，以达到增粗的目的。还可以采用甩浆法，即把素水泥浆撒到混凝土面上，凝固后成为一个个的水泥疙瘩。第三种是刷界面处理剂，以增加基层与抹灰层的粘结力。如设计无要求，可不抹灰，用刮腻子处理。

（2）轻质混凝土基层可采用钉钢丝网，然后在网格上抹灰，也可以在基层刷上一道增

加基层与抹灰层粘结力封闭层，再抹灰。

（3）不同材料基体交接处表面的抹灰如木结构与砖石砌体、混凝土结构等相接处，应采取防止开裂的加强措施，当采用加强网时，加强网与各基体间的搭接宽度每侧不应小于100mm。

2.2 其他准备工作

（1）门窗框与墙体交接处缝隙应用水泥砂浆或混合砂浆分层嵌堵。并做好下列项目的隐蔽记录。

1）预埋件和锚固件。

2）隐蔽部位的防腐、填嵌处理。

（2）对墙面上的脚手眼、孔洞等要用砌块补砌，对电线管等剔槽要用水泥砂浆进行填嵌。

（3）屋面防水层及楼面面层已经施工完毕，穿过顶棚的各种管道已经安装就绪，顶棚与墙体间及管道安装后遗留空隙已经清理并填堵严实方可进行顶棚抹灰。

（4）主体结构施工完毕，外墙所有预埋件、嵌入墙体内的各种管道已安装完毕，阳台栏杆已装好，大板结构外墙面接缝防水已处理完毕，脚手架已搭设方可进行外墙抹灰。

课题3 一般抹灰的工艺过程

3.1 内墙抹灰

3.1.1 设置标筋

为有效地控制抹灰厚度，特别是保证墙面垂直度和整体平整度，在抹底、中层灰前应设置标筋作为抹灰的依据。

设置标筋即找规矩，分为做灰饼和做标筋两个步骤。

做灰饼前，应先确定灰饼的厚度。用托线板和靠尺检查整个墙面的平整度和垂直度，根据检查结果确定灰饼的厚度，一般最薄处不应小于7mm。先在墙面距地1.5m左右的高度距两边阴角100～200mm处，按所确定的灰饼厚度用抹灰基层砂浆各做一个50mm×50mm见方的矩形灰饼，然后用托线板或线锤在此灰饼面吊挂垂直，做对应上下的两个灰饼。上方和下方的灰饼应距顶棚和地面150～200mm左右，其中下方的灰饼应在踢脚板上口以上。随后在墙面上方和下方的左右两个对应灰饼之间，用钉子钉在灰饼外侧的墙缝内，以灰饼为准，在钉子间拉水平横线，沿线每隔1.2～1.5m补做灰饼见图1-4。

标筋是以灰饼为准在灰饼间所做的灰

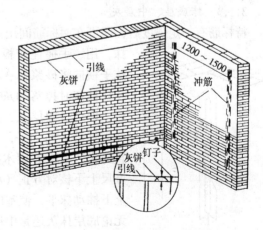

图1-4 灰饼、标筋做法示意图

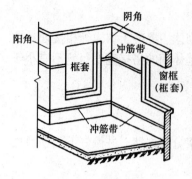

图 1-5　横向水平标筋示意图

埂，作为抹灰平面的基准。具体做法是用与底层抹灰相同的砂浆在上下两个灰饼间先抹一层，再抹第二层，形成宽度为 100mm 左右，厚度比灰饼高出 10mm 左右的灰埂，然后用木杠紧贴灰饼搓动，直至把标筋搓得与灰饼齐平为止。最后要将标筋两边用刮尺修成斜面，以便与抹灰面接槎顺平。标筋的另一种做法是采用横向水平标筋。此种做法与垂直标筋相同。同一墙面的上下水平标筋应在同一垂直面内。标筋通过阴角时，可用带垂球的阴角尺上下搓动，直至上下两条标筋形成相同且角顶在同一垂线上的阴角。阳角可用长阳角尺同样合在上下标筋的阳角处搓动，形成角顶在同一垂线上的标筋阳角。水平标筋的优点是可保证墙体在阴、阳转角处的交线顺直，并垂直于地面，避免出现阴、阳交线扭曲不直的弊病。同时水平标筋通过门窗框，有标筋控制，墙面与框面可结合平整。横向水平标筋示意图见图 1-5。

3.1.2　做护角

为保护墙面转角处不易遭碰撞损坏，在室内抹面的门窗洞口及墙角、柱面的阳角处应做水泥砂浆暗护角。护角高度一般不低于 2m，每侧宽度不小于 50mm。具体做法是先将阳角用方尺规方，靠门框一边，以门框离墙的空隙为准，另一边以墙面灰饼厚度为依据。最好在地面上划好准线，按准线用砂浆粘好靠尺板，用托线板吊直，方尺找方。然后在靠尺板的另一边墙角分层抹 1:2 水泥砂浆，护角线与靠尺板的处口平齐。一边抹好后，然后把靠尺板移动至已抹好护角的一边，用钢筋卡子卡住，用托线板吊直靠尺板，把护角的另一面分层抹好。取下靠尺板，待砂浆稍干时，用阳角

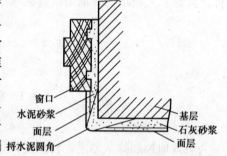

图 1-6　护角

抹子和水泥素浆捋出扩角的小圆角，最后用靠尺板沿顺直方向留出不小于 50mm，将多余砂浆成 40°斜面切掉，以便抹面时与护角接槎，如图 1-6。

3.1.3　抹底层、中层灰

待标筋有一定强度后，即可在两标筋间用力抹上底层灰，底层要低于标筋，由上往下抹，用一手握住灰板，一手握住木抹子，将灰板靠近墙面，木抹子横向将砂浆抹在墙面上。灰板要时刻接在抹子下边，以便托住抹灰时掉落的灰，最后用木抹子压实搓毛。待底层灰收水后，即可打中层灰，抹灰厚度应略高于标筋。中层抹灰后，随即用杠沿标筋刮平，不平处补抹砂浆，然后再刮，直至墙面平直为止。紧接着用木抹子搓压，使表面平整密实。阴角处先用方尺上下核对方正（水平横向标筋可免去此步），然后用阴角器上下抽动抹平，使室内四角方正为止，如图 1-7。需要注意的是无论底层抹灰还是中层抹灰，抹灰层每遍厚度要满足如下的要求：水泥砂浆每遍宜为 5～7mm，水泥混合砂浆和石灰砂浆每遍

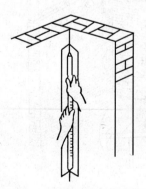

图 1-7　阴角的扯平找直

宜为 7～9mm。当抹灰层的总厚度大于或等于 35mm 时，应采取防止开裂的加强措施。

3.1.4 抹面层灰

一般室内墙面常采用纸筋灰石、麻刀石灰、石灰砂浆、水泥砂浆等，待中层灰有 6～7 成干时，即可抹面层灰。操作一般从阴角或阳角处开始，自左向右进行。一个在前抹面灰，另一人其后找平整，并要压平溜光。压光后，用排笔蘸水横刷一遍，使表面色泽一致，再用铁抹子压实赶光，面层则会更为细腻光滑。阴、阳角处用阴、阳角抹子捋光，并随手用毛刷蘸水将门窗边口阳角、墙裙和踢脚板上口等处刷干净。面层抹灰经过赶光压实后的厚度，麻刀灰不得大于 3mm，纸筋灰、石膏灰不得大于 2mm。

3.2 顶棚抹灰

3.2.1 找规矩

顶棚抹灰通常不做标志块和标筋，而用目测的方法控制其平整度，以无明显高低不平及接槎痕迹为准。先根据顶棚的水平面，确定抹灰厚度，然后在墙面的四周与顶棚交接处弹出水平线，作为抹灰的水平标准。

3.2.2 底、中层抹灰

一般底层砂浆采用配合比为水泥:石灰膏:砂 = 1:0.5:1 的水泥混合砂浆或水灰比为 0.4 的素水泥浆刷一遍作为结合层，底层抹灰厚度不易太厚。底层抹后紧跟着就抹中层砂浆，其配合比一般采用水泥:石灰膏:砂 = 1:3:9 的水泥混合砂浆或 1:3 水泥砂浆，抹后用软刮尺刮平赶匀，随刮随用长毛刷子将抹印顺平，再用木抹子搓平。顶棚管道周围用小工具顺平。

抹灰的顺序一般是由前往后退，并注意其方向必须同基体的缝隙（混凝土板缝）成垂直方向。这样，容易使砂浆挤入缝隙与基底牢固结合。

抹灰时，厚薄应掌握适度，随后用软刮尺赶平。如平整度欠佳，应再补抹和赶平，但不宜多次修补，否则搅动底灰而引起掉灰。如底层砂浆吸水快，应及时洒水，以保证与底层粘结牢固。

顶棚与墙面的交接处，一般是在墙面抹灰完成后再补做，也可在抹顶棚时，先将距顶棚 20～30cm 的墙面同时完成抹灰，方法是用铁抹子在墙面与顶棚交角处添上砂浆，然后用木阴角器抽平压直即可。

3.2.3 面层抹灰

待中层抹灰达到六至七成干，即用手捺不软有指印时（要防止过干，如过干应稍洒水），再开始面层抹灰。如使用纸筋石灰或麻刀石灰时，一般分两遍成活。其涂抹方法及抹灰厚度与内墙面抹灰相同。第一遍抹得越薄越好，紧跟抹第二遍。抹第二遍时，抹子要稍平，抹平后待灰浆稍干，再用铁抹子顺着抹纹压实压光。

3.3 外墙抹灰

3.3.1 找规矩

同内墙抹灰。但要在相邻两个抹灰面相交处挂垂线。

3.3.2 挂线、做灰饼

由于外墙抹灰面大，另外还有门窗、阳台、明柱、腰线等要横平竖直，外墙面抹灰应先上部后下部，先檐口再墙面。因此外墙抹灰找规矩要在四角先挂好由上至下垂直通线。垂直吊好后，根据大致决定的抹灰厚度，每步架大角两侧最好弹上控制线，直拉水平通线，根据控制线与水平线做灰饼，竖向每步架做一个灰饼，然后做标筋。

3.3.3 铺抹底、中层灰

底层、中层灰操作方法与内墙面相同。若为水泥混合砂浆，配合比为水泥:石灰膏:砂=1:1:6；如为水泥砂浆，配合比为水泥:砂=1:3。底层砂浆凝固具有一定强度后，再抹中层，为提高与其面层的附着力应将其灰面用木抹子搓平后扫毛或用铁抹子顺手划毛，浇水养护。

3.3.4 弹线粘分格条

室外抹灰时，为了增加墙面美观，避免罩面砂浆收缩后产生裂缝及大面积热膨胀而空鼓脱落，要设置分格缝，分格缝处粘贴分格条。分格条现常用塑料条，规格有20、25、30mm等几种。为了粘贴牢固，在水泥浆中应掺一些胶。待中层灰6~7成干后，按要求弹分割线，分割条两侧用粘稠素水泥浆与墙面抹成45°角，分格条布置应横平竖直，分格条的上表面和将来的面层灰的上表面在同一面，分格条永久留在外墙。

3.3.5 抹面层灰

外墙抹灰层要求有一定的耐久性。抹面层时先用1:2.5水泥砂浆薄薄刮一遍；抹第二遍时，与分格条抹齐平，然后按分格条厚度刮平、搓实、压光，再用刷子蘸水按同一方向轻刷一遍，以达到颜色一致，并清刷分格条上的砂浆。抹灰完成24h后要注意养护，宜淋水养护7d以上。

另外，外墙面抹灰时，在窗台、窗楣、雨篷、阳台、檐口等部位应做流水坡度。设计无要求时，可做10%的泛水。下面应做滴水线或滴水槽，滴水槽的宽度和深度均不小于10mm。要求棱角整齐，光滑平整，起到挡水作用。

3.4 细部抹灰

一般室内外抹灰有踢脚板、墙裙、勒脚、窗台、压顶、檐口、阳台、坡道、散水等多种细部抹灰。

3.4.1 踢脚板、墙裙及外墙勒脚

内外墙和厨房、厕所的墙脚等是经常潮湿和易受碰撞的部位，要求防水、防潮、坚硬。因此，抹灰时往往在室内设踢脚板或墙裙，在外墙底部设勒脚，厕所、厨房，通常用1:3水泥砂浆抹底、中层，用1:2或1:2.5水泥砂浆抹面层。

抹灰时根据墙上施工的水平基线用墨斗或粉线包弹出踢脚板、墙裙或勒脚高度尺寸水平线，并根据墙面抹灰厚度，决定勒脚板、墙裙的厚度。凡阳角处，用方尺规方，最好在阳角处弹上直角线。

规矩找好后，进行基层处理，尤其要注意和墙体的相接处，否则会由于两种材料的线膨胀系数不同产生空鼓、开裂。基层处理干净后，浇水湿润。按弹好水平线，将八字靠尺板粘嵌在上口，靠尺板表面正好是踢脚板、墙裙或勒脚的抹灰面。用1:3水泥砂浆抹底、中层，再用木抹子搓平、扫毛、浇水养护。待底、中层砂浆六七成干时，就应进行面层抹灰。面层用1:2.5水泥砂浆先薄刮一遍，再抹第二遍。先抹平八字靠尺、搓平、压光，然后起下八字靠尺，用小阳角抹子捋光上口，再用铁压子压光。

另一种方法是在抹底、中层砂浆时，先不嵌靠尺板，而在抹完罩面灰后用粉线包弹出踢脚板、墙裙或勒脚的高度尺寸线，把靠尺板靠在线上口用抹子切齐，再用小阳角抹子捋光上口，然后再压光。

3.4.2 窗台

一般窗台分为外窗台和内窗台。

抹内窗台时，先将窗台基体清理洁净、并将松动部位修整好，深划砖缝，用水冲洗透，然后用细石混凝土铺实，其厚度控制为25mm，窗台两端抹灰要超过窗口6cm，24h以后刷素浆，接着用1:2.5水泥砂浆抹面层，窗台板下口要求平直，不得有毛刺。待面层脱水、颜色开始变白时、浇水养护3~4d。

抹外窗台和抹内窗台做法相同，但应注意解决以下的几个问题：

（1）外窗台板要比内窗台板低10mm左右；

（2）外窗台板必须有顺水坡，防止倒泛水；

（3）外窗台板抹灰一般在底面做滴水槽或滴水线，以阻止雨水沿窗台往墙面上淌。滴水槽的做法通常在底面距边口2cm处粘贴分格条（滴水槽的宽度及深度均不小于10mm，要整齐一致）。窗台的平面应向外呈流水坡度。滴水线的做法是将窗台下边口的直角改成锐角，并将角往下伸约10mm，形成滴水，如图1-8所示。

（4）要求表面要平整光洁，棱角清晰；与相邻窗台的高度进出要一致，横竖都要成一条线；排水通畅，不渗水，不湿墙。

（5）及时覆盖和浇水养护、防止日晒失水、干裂。

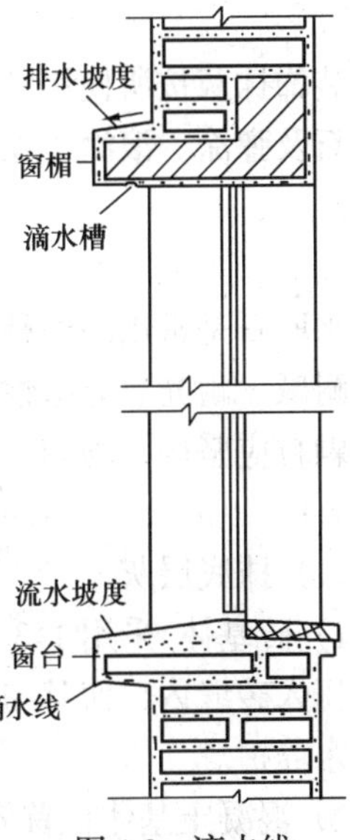

图 1-8 滴水线

3.4.3 压顶

压顶一般为女儿墙顶现浇的混凝土板带（也有用砖砌的）。压顶要求表面平整光洁，棱角清晰，水平成线，突出一致。因此抹灰前一定要拉水平通线，对于高低出进不上线的要凿掉或补齐。但因其两面有檐口，在抹灰时一面要做流水坡度，两面都要设滴水线，如图1-9所示。

3.4.4 阳台

阳台抹灰是室外装饰的重要部分，要求各阳台上下成垂直线，左右成水平线，进出一致，各个细部统一，颜色一致。抹灰前要注意清理基层，把混凝土基层清扫干净并用水冲洗，用钢丝刷子将基层刷到露出混凝土新槎。

阳台抹灰找规矩的方法是，由最上层阳台突出阳角及靠墙阴角往下挂垂线，找出上下各层阳台进出误差及左右垂直误差，以大多数阳台进出及左右边线为依据，误差小的，可以上下左右顺一下，误差太大的，要进行必要的结构处理。

对于各相邻阳台要拉水平通线，对于进出及高低差太大的要进行处理。

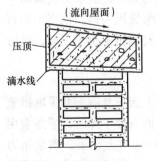

图 1-9 压顶抹灰

根据找好的规矩，确定各部位大致抹灰厚度，再逐层逐个找好规矩，做灰饼抹灰。最上层两头抹好后，以下都以这两个挂线为准做灰饼。抹灰还应注意阳台地面排水坡度方向，要顺向阳台两侧的排水孔，不要抹成倒流水。

阳台底面抹灰与顶棚抹灰相同。清理基层、湿润、刷素水泥浆，分层抹底层，中层水泥砂浆，面层有抹纸筋灰，也有刷白灰水的。

阳台上面用 1:3 水泥砂浆做面层抹灰，留好排水坡度。

阳台挑梁和阳台梁，也要按规矩抹灰，高低进出要整齐一致，棱角清晰。

课题 4 装饰抹灰的工艺过程

装饰抹灰按所使用的材料、施工方法和表面效果又可分为拉条灰、拉毛灰、水刷石、剁斧石及弹涂、滚涂、喷砂等。

4.1 水 刷 石

水刷石是常用的一种外墙装饰抹灰。面层材料的水泥可采用白水泥或普通水泥。颜料应选耐碱、耐光、分散性好的矿物颜料。骨料可选用中、小八厘石粒，玻璃碴、粒砂等，骨料颗粒应坚硬、均匀、洁净，色泽一致。

4.1.1 抹底、中层灰

（1）抹底层灰

1）砖基体：采用 1:3 水泥砂浆、分二遍成活，其厚度以 12mm 为宜。抹灰时应将水泥砂浆压入砖缝内，使其与基体结构牢固，并用抹子压实搓平，将表面搓成毛面，成活 24h 后浇水养护。

2）混凝土基体：首先刷素浆一道，然后抹 1:3 水泥砂浆，表面应扫毛，24h 后浇水养护。

（2）抹中层灰 底层砂浆达到强度后，上下拉垂直线、拉水平线、套方、冲筋，即采用 1:3 水泥砂浆刮平，搓平压实。

4.1.2 弹线、贴分格条

中间层砂浆达到一定强度后，按照设计要求或规定的数据弹线，确定分格条的位置。木质分格条应在粘贴前放入水中浸透。粘贴时应在分格条两侧用素水泥浆以 45° 抹成八字形。分格条的粘贴应横平竖直，交接紧密平顺。

4.1.3 抹面层石子浆

待中层砂浆初凝后，酌情将中层抹灰层润湿，马上用水灰比为 0.4 的素水泥浆满刮一遍，随即抹面层石子浆。石子浆面层稍收水后，用铁抹子把面层浆满压一遍，把露出的石子棱尖轻轻拍平，然后用刷子蘸水刷一遍，再通压一遍。如此反复刷压不少于三遍，最后用铁抹子拍平，使表面石子大面朝外，排列紧密均匀。

4.1.4 冲刷面层

冲刷面层是影响水刷石质量的关键环节。凝结前应用清水自上而下洗刷，并采取措施防止污染墙面。待面层开始凝结，手指按上去不显指痕，刷表面而石粒不掉时，紧跟着用喷雾器向四周相邻部位喷水。喷头离墙面 100～200mm，喷水顺序应由上至下，喷水压力要合适，喷水要均匀密布，一般以喷洗到石子露出灰浆面的 1～2mm 为宜。前道工序完成后用清水（水管或水壶）从上到下冲净表面。冲刷的时间要严格掌握，过早或过度则石子显露过多，易脱落；冲刷过晚则水泥浆冲刷不净，石子显露不够或饰面浑浊，影响美观。冲刷上段时，下段墙面可用牛皮纸或塑料布遮盖，将冲刷的水泥浆外排。若墙面面积较大，则应先罩面先冲洗，后罩面后冲洗。罩面顺序也是先上后下，这样既可保证各部分的冲刷时间，又可保护下段墙面不受到损坏。在冲洗表面灰浆时，若面层出现局部石渣颗粒不均匀现象，应用铁抹子轻轻拍压，以达到表面石渣颗粒均匀一致。如有干裂、风裂，要用铁抹子抹压，以防止裂缝渗水造成坍塌。

4.1.5 起分格条

冲刷面层后，适时起出分格条，用小线抹子顺线溜平，然后根据要求用素水泥浆做出凹缝并上色。

4.2 斩 假 石

斩假石是一种在硬化后的水泥石子浆面层上用斩斧等专用工具斩琢，形成有规律剁纹的一种装饰抹灰方法。其骨料宜采用小八厘或石屑，成品的色泽和纹理与细琢面花岗石或白云石相似。

4.2.1 抹面层

抹底、中层灰、弹线、贴分格条和水刷石一样。抹面层水泥石子在已硬化的水泥砂浆中层上洒水湿润，用素水泥浆刷一遍，随即抹面层。面层石粒浆的配比为 1:1.25 或 1:1.5，稠度为 5～6cm，骨料采用 2mm 粒径的米粒石，内掺 0.3mm 左右粒径的白云石屑。面层抹面厚度为 10mm，抹后用木抹子打磨拍平，不要压光，但要拍出浆，石渣浆应与分格条相平，抹完后，随即用软毛刷蘸水将剁水泥浆轻刷掉露出石粒。但注意不要用力过重，以免石粒松动。抹完 24h 后浇水养护。

4.2.2 斩剁面层

在正常温度（15～30℃）下，面层养护 2～3d，低温（5～15℃）下，面层养护 4～5d后即可试剁，剁石之前应洒水润湿，以免石渣爆裂。试剁以石粒不脱掉、较易剁出斧迹为准。斩剁的顺序一般为先上后下，由左至右，先剁转角和四周边缘，后剁大面。斩剁前应先弹顺线，相距约 10cm，按线斩剁，以免剁纹跑斜。剁纹深度一般以 1/4～1/3 石粒粒径为宜。为了美观，一般在分格缝和阴、阳角周边留出 15～20mm 的边框线不剁。斩剁完后，墙面应用清水冲刷干净，起出分格条，用钢丝刷刷净分格缝处。按设计要求，可在缝内做凹缝并上色。

4.3 拉 条 灰

拉条灰是以砂浆和灰浆做面层，然后用专用模具在墙面拉制出凹凸状平行条纹。

4.3.1 弹线，贴轨道

轨道是由断面为 8mm×20mm 的杉木条制成，其作用是作为拉灰模具的竖向滑行控制依据。具体做法是弹出轨道的安装位置线（即横向间隔线），用黏稠的水泥浆将木轨道依线粘贴。轨道应垂直平行，轨面平整。

拉条灰的模具和成型后的墙面如图 1-10 所示。

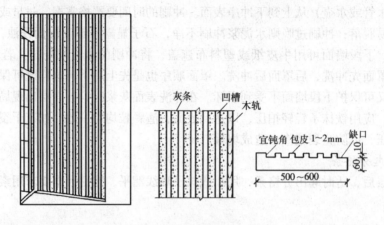

图 1-10 拉条灰墙面及模具示意图

4.3.2 抹面层灰、拉条

待木轨道安装牢固后，湿润墙面，刷一道 1:0.4 的水泥净浆，紧跟着抹面灰并拉条成型。面层灰根据所拉灰条的宽窄、配比有所不同，一般窄条形拉条灰灰浆配比为水泥:细纸筋石灰膏 = 1:0.5。操作时用拉条模具靠在木轨道上，从上至下多次上浆拉动成型。操作面不论多高都要一次完成。墙面太高时可搭脚手步架，各层站人，逐级传递拉模，做到换人不换模，使灰条上下顺直，表面光滑密实。做完面层后，取下木轨道，然后用细纸筋石灰浆槎压抹平，使其无接槎，光滑通顺。面层完全干燥后，可按设计要求用涂料刷涂面层。

4.4 拉 毛 灰

拉毛灰是在尚未凝结的面层灰上用工具在表面触拉，靠工具与灰浆间的粘结力拉出大小、粗细不同的凸起毛头的一种装饰抹灰方法，可用于有一定声学要求的内墙面和一般装饰的外墙面。

4.4.1 抹底层灰

底层灰分室内和室外两种，室内一般采用 1:1.6 水泥石灰混合砂浆，室外一般采用 1:2 或 1:3 水泥砂浆。抹灰厚度为 10~13mm，灰浆稠度为 8~11cm，抹后表面用木抹子槎毛，以利于与面层的粘接。

4.4.2 抹面层灰、拉毛

待底层灰 6~7 成干后即可抹面层灰和拉毛，两操作应连续进行，一般一人在前抹面层灰，另一个在后紧跟拉毛。拉毛分拉细毛、中毛、粗毛三种，每一种所采用的面层灰浆配比、拉毛工具及操作方法都有所不同。一般小拉毛灰采用水泥:石灰膏 = 1:（0.1~0.2）的灰膏，而大拉毛灰采用水泥:石灰膏 = 1:（0.3~0.5）的灰膏。为抑制干裂，通常可加入适量的砂子和纸筋。同时应掌握好其稠度，太软易流浆，拉毛变形；太硬又不易形成均匀一致的毛头，如图 1-11。

图 1-11 拉毛灰示意图

拉细毛时，采用白麻缠绕的麻刷，正对着墙面抹灰面层一点一拉，靠灰浆的塑性和麻刷与灰膏间的粘附力顺势拉出毛头。拉中毛时，采用硬棕毛刷，正对墙面放在面层灰浆上，粘着后顺势拉出毛头。拉粗毛时，采用平整的铁抹子，轻按在墙面面层灰浆上，待有吸附感觉时，顺势慢拉起铁抹子，即可拉出毛头。拉毛灰要注意"轻触慢拉"，用力均匀，快慢一致，切忌用力过猛，提拉过快，致使露出底灰。如发现拉毛大小不均，应及时抹平重拉。为保持拉毛均匀，最好在一个分格内由一人操作。应及时调整花纹、斑点的疏密。

4.5 洒 毛 灰

洒毛灰所用的材料、操作工艺与拉毛灰基本相同，只是面层采用 1:1 的彩色水泥砂浆，用茅草、竹丝或高粱穗绑成 20cm 长、手握粗细适宜的小帚，将砂浆泼洒到中层灰面上。操作时由上往下进行，要用力均匀，每次蘸用的砂浆量、洒向墙面的角度和与墙面的距离都要一样。如几个人同时操作，应先试洒，要求操作人员的手势做法基本一致，出入较大时应相互协调，以保证形成均匀呈云朵状的粒状饰面。也可使中层抹灰带有颜色，然后不均匀地洒上面层砂浆，并用抹子轻轻压平，使表面局部露底，形成带色底层与洒毛灰纵横交错的饰面。

除以上介绍的几种装饰抹灰外，还有采用聚合物水泥砂浆的喷涂、滚涂、弹涂等装饰抹灰。这几种装饰抹灰是利用专用喷枪、喷斗或滚、弹涂工具将聚合物水泥（彩色）砂浆施于墙面的中层灰面层上，形成粒状、波状面层或大小、颜色不一的色点或拉毛，也是极富特色的一类饰面抹灰方法。

课题 5　抹灰工程的施工质量标准和检验方法

5.1 一般抹灰质量标准和检验方法

5.1.1 主控项目
(1) 抹灰前基层表面的尘土、污垢、油渍等应清除干净，应洒水润湿。

检验方法：检查施工记录。

(2) 抹灰所用材料的品种和性能应符合设计要求。水泥的凝结时间和安定性复验合格。砂浆的配合比应符合设计要求。

检验方法：检查产品合格证书、进场验收记录、复验报告和施工记录。

(3) 抹灰工程应分层进行。当抹灰总厚度大于或等于 35mm 时，应采取加强措施。不同材料基体交接处表面的抹灰，应采取防止开裂的加强措施，当采用加强网时，加强网与各基体的搭接宽度不应小于 100mm。

检验方法：检查隐蔽工程验收记录和施工记录。

(4) 抹灰层与基层之间及各抹灰层之间必须粘结牢固，抹灰层应无脱层、空鼓、面层应无爆灰和裂缝。

检验方法：观察；用小锤轻击检查；检查施工记录。

5.1.2 一般项目
(1) 一般抹灰工程的表面质量应符合下列规定：

1) 普通抹灰表面应光滑、洁净、接槎平整，分格缝应清晰。

2）高级抹灰表面应光滑、洁净、颜色均匀、无抹纹、分格缝和灰线应清晰美观。

检验方法：观察；手摸检查。

（2）护角、孔洞、槽、盒周围的抹灰表面应整齐、光滑；管道后面的抹灰表面应平整。

检验方法：观察。

（3）抹灰层的总厚度应符合设计要求；水泥砂浆不得抹在石灰砂浆上；罩面石膏灰不得抹在水泥砂浆层上。

检验方法：检查施工记录。

（4）抹灰分格缝的设置应符合设计要求，宽度和深度应均匀，表面应光滑，棱角应整齐。

检验方法：观察；尺量检查。

（5）有排水要求的部位应做滴水线（槽）。滴水线（槽）应整齐顺直，滴水线应内高外低，滴水槽的宽度和深度均不应小于10mm。

（6）一般抹灰的允许偏差和检验方法见表1-5。

一般抹灰的允许偏差和检验方法表 表1-5

项次	项　目	允许偏差（mm）		检 验 方 法
		普通抹灰	高级抹灰	
1	立面垂直度	4	3	用2m垂直检测尺检查
2	表面平整度	4	3	用2m靠尺和塞尺检查
3	阴阳角方正	4	3	用直角检测尺检查
4	分格条（缝）直线度	4	3	拉5m线，不足5m拉通线，用钢直尺检查
5	墙裙、勒脚上口直线度	4	3	拉5m线，不足5m拉通线，用钢直尺检查

5.2 装饰抹灰质量标准和检验方法

5.2.1 主控项目

装饰抹灰工程的质量要求与一般抹灰工程质量要求相同，在保证装饰抹灰层粘结牢固、不出现空鼓、裂缝的情况下，装饰抹灰工程主控项目及验收方法与一般抹灰工程完全一样。

5.2.2 一般项目

（1）装饰抹灰工程的表面质量应符合下列规定：

1）水刷石表面　应石粒清晰、分布均匀、紧密平整、色泽一致，应无掉粒和接槎痕迹。

2）斩假石表面　剁纹应均匀顺直、深浅一致，应无漏剁；阳角处应横剁并留出宽窄一致的不剁边缘，棱角应无损坏。

3）干粘石表面　应色泽一致、不露浆、不漏粘，石粒应粘结牢固、分布均匀，阳角处应无明显黑边。

4）假面砖表面　应平整、沟纹清晰、留缝整齐、色泽一致，应无掉角、脱皮、起砂等缺陷。

检验方法：观察；手模检查。

（2）装饰抹灰分格条（缝）及有排水要求部位的质量标准同一般抹灰。

（3）装饰抹灰质量的允许偏差和检验方法见表 1-6。

装饰抹灰质量的允许偏差 表 1-6

| 项次 | 项 目 | 允 许 偏 差（mm） | | | | | | | | | | | | 检 查 方 法 |
		水刷石	水磨石	斩假石	干粘石	假面砖	拉条灰	洒毛灰	喷砂	喷涂	滚涂	弹涂	仿石彩色抹灰	
1	表面平整	3	2	3	5	4	4	4	4	5	4	4	3	用2m直尺和楔形塞尺检查
2	阴、阳角垂直	4	2	3	4	—	4	4	4	4	4	4	3	用2m托线板和尺检查
3	立面垂直	5	3	4	5	5	5	5	5	5	5	5	4	
4	阴、阳角方正	3	2	3	4	4	4	4	4	4	4	4	3	用200mm方尺检查
5	墙裙上口平直	3	3	3	—	—	—	—	—	—	—	—	3	拉5m线检查，不足5m拉通线检查
6	分格条（缝平直）	3	2	3	3	3	—	—	—	3	3	3	3	

复 习 思 考 题

1. 试述抹灰工程的分类。
2. 试述抹灰层的基本组成。
3. 石灰在应用中要注意哪些问题？
4. 简述内墙抹灰的施工工艺。
5. 简述外墙抹灰的施工工艺。
6. 简述顶棚抹灰的施工工艺。
7. 简述灰饼的作用。
8. 混凝土基体抹灰前如何处理？
9. 简述水刷石斩假石的施工工艺。

单元 2 门窗工程施工

【知识点】本课题重点介绍各类门窗的制作及安装。了解木门窗、钢门窗、合金门窗的制作；掌握门窗的安装工艺；了解门窗工程施工质量标准和检验方法。

门窗是建筑物的主要组成部分。门的主要作用是交通联系，同时具有采光和通风功能。窗的主要作用是采光、通风和日照。在构造上，门窗还具有保温、隔声、防雨、防火和防风沙的作用。另外门和窗对建筑物的立面设计有很大影响。

课题 1 门窗的制作与安装

1.1 木门窗的制作与安装

1.1.1 木门窗的制作

木门窗的制作有工厂制作和现场加工制作两种，一般说来木门窗制作的生产操作程序为：放样→配料、截料→划线→打眼→开榫、拉肩→裁口与倒角→拼装。

拼装好的成品，应在明显处编写号码，用楞木四角垫起，离地 20～30cm，水平放置，加以覆盖。

1.1.2 木门窗的安装

木门窗的安装一般采用"后塞口"法进行。砌墙时按图纸位置预留出门窗洞口，后将门窗框装入的施工方法称为后塞口。

准备安装木门窗的砖墙洞口已按要求预埋防腐木砖，木砖中心距不大于 1.2m，并应满足每边不少于 2 块木砖的要求；单砖或轻质砌体应砌入带木砖的预制混凝土块中。砖墙洞口安装带贴脸的木门窗，为使门窗框与抹灰面平齐，应在安框前做出抹灰标筋。门窗框安装在砌墙前或室内、外抹灰前进行，门窗扇安装应在饰面完成后进行。

后塞门窗框前要预先检查门窗洞口的尺寸、垂直度及木砖数量。门窗框用钉子固定在墙内的预埋木砖上，每边的固定点应不小于两处，其间距应不大于 1.2m。门窗框与墙体的连接方式如图 2-1。

寒冷地区门窗框与外墙间的空隙，应填塞保温材料。

1.2 铝合金门窗制作与安装

铝合金门窗是将经过表面处理的型材，通过下料、打孔、铣槽等工序，制作成门窗框料构件，然后再与连接件、密封件、开闭五金件一起组合装配而成。其组成包括：型材、防腐材料、填缝材料、密封材料、防锈漆、水泥、砂、连接板、五金配件等。

1.2.1 铝合金门窗的特点、类型

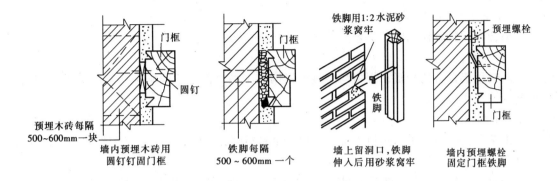

预埋木砖每隔
500~600mm一块
墙内预埋木砖用
圆钉钉固门框

铁脚每隔
500～600mm一个

墙上留洞口,铁脚
伸入后用砂浆窝牢

墙内预埋螺栓
固定门框铁脚

图 2-1　后塞口木门窗框与墙体的固定方式

（1）铝合金门窗的特点

1）轻质高强　在保证使用强度的要求下，门窗框料的断面制成空腹薄壁组合断面，使其减轻了铝合金型材的质量，一般铝合金门窗较钢门窗轻 50% 左右。

2）密闭性能好　密闭性能为门窗的重要指标，铝合金门窗和普通门窗相比，其气密性、水密性和隔音性能俱佳。推拉门窗比平开门窗的密闭性稍差，因此推拉门窗在构造上加设了尼龙毛条，以增强其密闭性能。

3）使用中变形小　一是因为型材的刚度好；二是由于其制作过程中采用冷连接。冷连接同钢门窗的电焊连接相比，可以避免在焊接过程中因受热不均而产生的变形现象，从而确保制作精度。

4）立面美观　一是造型美观，二是色调美观。

5）耐腐蚀、使用维修方便　铝合金门窗不需要涂漆，不褪色，不脱落，表面不需要维修。

6）使用价值高　铝合金门窗强度高，刚性好，坚固耐用，开闭轻便灵活，无噪声。特别是对于高层建筑和高档的装饰工程，从装饰效果、空调运行及年久维修等方面综合权衡，铝合金门窗的使用价值是优于其他种类门窗的。

7）便于工业化生产　铝合金门窗框料型材加工、配套零件的制作，均可在工厂内进行大批量工业化生产，有利于实现门窗设计标准化、产品系列化和零配件通用化，以及门窗产品商业化。

（2）铝合金门窗的类型

根据结构与开启形式的不同，铝合金门窗可分为推拉门、推拉窗、平开门、平开窗、固定窗、悬挂窗、回转门、回转窗等几种。按门窗型材截面的宽度尺寸的不同，可分为许多种系列，常用的有 40、45、50、55、60、65、70、80、90、100 系列等。推拉门窗可选用 90 系列铝合金型材。平开窗多采用 38 系列型材。平开门常安上地弹簧，做成地弹门，可选用 45 系列型材。

一般建筑所用的窗料板壁厚度不宜小于 1.6mm，门料板壁厚度不宜小于 2mm。根据氧化膜色泽的不同，铝合金门窗料有银白色、金黄色、青铜色、古铜色、黄黑色等几种。氧化膜的厚度应满足设计要求，室外门窗氧化膜应厚一些，沿海地区由于受海风侵蚀较内陆严重，氧化膜应厚一些；建筑的等级不同，氧化膜厚度往往也不一样。所以，氧化膜厚度的确定，应根据气候条件、使用部位、建筑物的等级等诸多因素综合考虑。

1.2.2 铝合金门窗制作

铝合金门窗制作的施工工艺流程为：断料→钻孔→组装→保护或包装。

(1) 断料

断料用铝合金切割机，规格与型号可根据加工型材而定。应确保切割的精度，否则，组装的方正受到影响。

(2) 钻孔

由于门窗的组装采用螺钉连接，所以不论是横竖杆件的组装，还是配件的固定，均需要钻孔。

型材杆件钻孔，批量生产宜使用小型台钻，目前用的较多的是 13mm 的台钻。此外，手枪式电钻操作灵活，携带方便，在钻孔操作中，使用也较普遍。安装拉锁、执手圆锁的较大孔洞，在工厂多用铣床。在现场由于设备的限制，往往是先钻孔，然后再用手锯切割，最后用锉刀修平。

钻孔位置要准确，钻孔前要先在工作台上划好线。不可在型材表面反复更改钻孔。钻孔孔位、孔距的偏差应控制在 ±0.5mm 内，沉头螺钉的沉孔尺寸偏差，应符合现行国家标准。

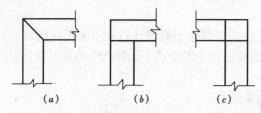

图 2-2 对接形式示意图

(a) 45°对接；(b) 直角连接；(c) 垂直插接

(3) 组装

根据门窗的类型，铝合金门窗有不同的组装方式。常用的有 45°对接、直角对接、垂直插接三种，如图 2-2 所示。横竖杆件的固定，一般均采用专用连接件或角铝，用螺钉、螺栓、铝拉钉固定。

(4) 保护和包装

门窗组装完毕，应对其进行保护。目前常用的办法是用塑料胶纸将所有的型材表面包起来，也可用厚一些的塑料薄膜将型材外包。如果加工完毕的门窗，需运输或托运，还应对门窗进行包装。包装前，质检部门按设计要求及有关规定，逐件进行检查，合格后，签发出厂合格证，才能包装，并应将产品型号、规格、数量，用颜色笔标在型材表面。

1.2.3 铝合金门窗的安装

铝合金门窗装入洞口应横平竖直，外框与洞口应弹性连接牢固，不得将门窗外框直接埋入墙体。门窗安装节点，如图 2-3 所示。

(1) 铝合金门窗安装前的准备工作

1) 洞口质量检查　由于门窗框采用塞口施工，因此铝合金门窗安装前应对洞口进行检查，洞口尺寸应大于门窗框尺寸，其差值视不同材料而有所区别。在一般情况下，洞口尺寸应符合表 2-1 的规定。门窗洞口的尺寸允许偏差：宽度和高度为 5mm；对角线长度为 5mm；洞口下表面水平标高为 5mm；垂直偏差为 1.5/1000；洞口中心线与建筑物基准轴线偏差为 5mm。

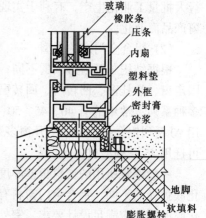

图 2-3 铝合金门窗安装
节点及缝示意图

此外，有预埋件的门窗洞口，还应检查预埋件的数量、位置以及埋设方法是否符合设计要求，如有问题应及时处理。

门窗洞口尺寸（单位：mm）

表 2-1

墙面装饰类型	宽　　度	高　　度	
一般粉刷面	门窗框宽度 + 50	窗框高度 + 50	门框高度 + 25
玻璃锦砖贴面	+ 60	+ 60	+ 30
大理石贴面	+ 80	+ 80	+ 40

2）检查铝合金门窗框、扇质量　检查门窗框扇的尺寸是否符合设计要求，有无变形和扭曲，并检查方正。

3）检查各种配件　检查铝合金门窗各种配件的数量、品种、规格是否符合设计和施工要求。

（2）铝合金门窗安装方法

1）施工工艺

铝合金门窗安装施工工艺流程为：弹线→门窗框安装→洞口四周嵌缝→抹面→门窗扇安装→安装玻璃→清理→质量检验。

A. 按设计要求在门窗洞口弹出门窗位置线。同一立面的门窗的水平及垂直方向应该做到整齐一致。高层或超高层建筑的外墙窗口，须用经纬仪从顶到底逐层施测边线，再定中心线，水平方向和垂直方向偏差均不超过 5mm。对于门，除了上面提到的确定位置外，还要特别注意室内地面的标高。

B. 固定门窗框　按照弹线位置，先将门、窗框临时用木楔固定，待检查立面垂直，左右间隙、上下位置符合要求后，再用射钉将镀锌锚固板固定在结构上。镀锌锚固板是铝合金门、窗框固定的连接件。锚固板的一端固定在门窗框的外侧，另一端可以用射钉、膨胀螺

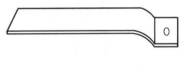

图 2-4　锚固板

栓、燕尾铁脚等固定在结构上，锚固板厚度 1.5mm，长度可根据需要加工。锚固板的形状如图 2-4。锚固板与墙体固定方法如图 2-5 所示。

锚固板应固定好，不得有松动现象。射钉选择要合理。锚固板的间距应不大于 50cm，其方向宜内外交错布置。

C. 填缝　铝合金门窗框在填缝前经过平整度、垂直度等的安装质量复查后，再将框四周清扫干净、洒水湿润基层。对于较宽的窗框，仅靠内外挤灰时挤进一部分灰是不能饱满的，应专门进行填缝。填缝所用的材料，原则上按设计要求选用，但不论使用何种材料，应达到密闭、防水的目的。

D. 抹面　铝框四周的塞灰砂浆达到一定的强度后（一般需 24h），才能轻轻取下框旁的木楔，继续补灰，然后才能抹面层，压平抹光。

E. 门窗扇安装　铝合金门窗扇安装，应在室内外装饰基本完成后进行。

F. 玻璃安装　玻璃安装是门、窗安装的最后一道工序，其内容包括玻璃裁割、玻璃就位、玻璃密封与固定。

G. 清理　铝合金门、窗交工前，应将型材表面的塑料胶纸撕掉。如果发现塑料胶纸

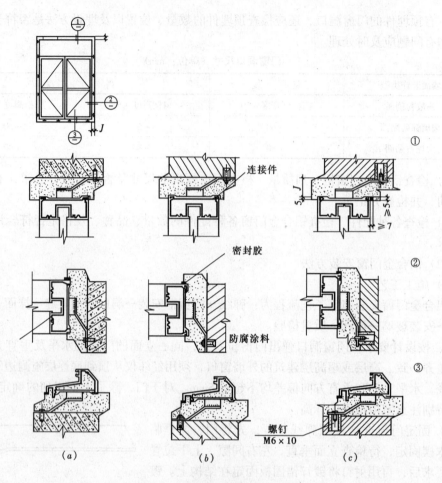

图 2-5 锚固板与墙体固定方法

(a) 射钉固定法；(b) 膨胀螺栓固定法；(c) 燕尾铁脚固定法

在型材表面留有胶痕，宜用香蕉水清理干净。玻璃应进行擦洗，对浮灰或其他杂物，应全部清理干净。待定位销孔与销对上后，再将定位销完全调出，并插入定位销孔中。最后，用双头螺杆将门拉手固定在门扇边框两侧。

安装铝合金门的关键是要保持上下两个转动部分在同一个轴线上。

（3）质量要求

1）所用铝合金门窗的品种，规格、开启方向及安装位置应符合设计要求。

2）铝合金门窗安装必须牢固，横平竖直，高低一致。框与墙体缝隙应填嵌饱满密实，表面平整光滑，无裂缝，填塞材料与方法应符合设计要求。

3）预埋件的数量、位置、埋设连接方法必须符合设计要求。

1.3 塑钢门窗制作与安装

塑钢门窗是以聚氯乙烯树脂为基料，以轻质碳酸钙做填料，掺加少量添加剂，机械加工制成各种截面的异型材，并在其空腔中设置衬钢，以提高门窗骨架的整体刚度，故亦称塑钢门窗。

塑钢门窗表面光洁细腻不需油漆，有质量轻、抗老化、保温隔热、绝缘、抗冻、成型简单、耐腐蚀、防水和隔声效果好等特点，在 -30~50℃的环境下不变形、不降低原有性能，防虫蛀又不助燃，线条挺拔清晰、造型美观，有良好的装饰性。

塑钢门窗安装：

（1）找平放线

先通长拉水平线，用墨线弹在侧壁上；再在顶层洞口找中，吊线锤弹窗中线。单个门窗可现场用线锤吊直。

（2）安装铁脚

把连接件（即铁脚）与框成45°放入框内背面燕尾槽口，然后沿顺时针方向把连接件扳成直角，旋进一只自攻螺钉固定。

（3）安装门窗框

把门窗框放在洞口的安装线上，用对拔木楔临时固定；校正各方向的垂直度和水平度，用木楔塞在四周和受力部位；开启门窗扇检查，调至开启灵活、自如。

此外，门窗定位后，可以作好标记后取下扇存放备用；待玻璃安装完毕，再按原有标记位置将扇安回框上。

用膨胀螺栓配尼龙膨胀管固定连接件，每只连接件不少于2只膨胀螺栓，如洞口已埋以木砖，直接用2只木螺钉将连接件固定在木砖上。

（4）填缝抹口

门窗洞口粉刷前，一边拆除木楔、一边在门窗框周围缝隙内塞入填充材料，使之形成柔性连接，以适应热胀冷缩；在所有的缝隙内嵌注密封膏，做到密实均匀；最后再做门窗套抹灰。塑钢门窗框嵌缝做法如图2-6。

（5）安装五金件及玻璃

塑钢门窗安装五金配件时，必须先钻孔后用自攻螺钉拧入，严禁直接锤击打入；待墙体粉刷完成后，将玻璃用压条压紧在门窗扇上，在铰链内滴入润滑剂，将表面清理干净即可。

1.4 其他门窗制作与安装

其他门窗的制作一般都是在专门的组装厂进行，很少在施工工地现场组装。因此下面着重介绍其他门窗的安装方法。

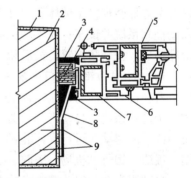

图2-6 塑钢门窗框嵌缝注膏示意图
1—底层刮糙；2—墙体；3—密封膏；
4—软质填充料；5—塑钢扇；6—塑钢
框；7—衬筋；8—连接件；9—膨胀螺栓

1.4.1 防火门安装施工

防火门是典型的特殊功能门，在多层以上及重要建筑物中均需设置。防火门按材质分有木质和钢质防火门两种，按照防火等级分为甲级、乙级和丙级三种。甲级防火门门扇无玻璃小窗，其耐火极限为1.2h；乙、丙级防火门可在门扇上开设一小玻璃窗，安装5mm夹丝玻璃或复合防火玻璃，乙级耐火极限0.9h、丙级耐火极限0.6h。

木质防火门需要在表面贴防火胶板、钉镀锌铁皮或涂刷耐火涂料，以达到防火要求；木质防火门的防火性能较差，安装施工简单，在此不做介绍。

钢质防火门的安装程序：划线→立门框、调整→安装门扇→装配附件。

1.4.2 金属转门安装施工

金属转门主要用于宾馆、医院、机场、图书馆、商场等中、高级民用、公共建筑，起启闭、控制人流和保持室内温度的作用。主要有铝质、钢质两种型材结构，由转门和转壁框架组成。

金属转门的特点：具有良好的密闭、抗震和耐老化性能，转动平稳，紧固耐用，便于清洁和维修，设有可调节的阻尼装置，可控制旋转惯性的大小。

金属转门安装施工时，首先检查各部分尺寸及洞口尺寸是否符合，预埋件位置和数量。转壁框架按洞口左右、前后位置尺寸与预埋件固定，保证水平。装转轴，固定底座，底座下部要垫实，不允许下沉，转轴必须垂直于地平面。装圆转门顶与转壁，转壁暂不固定，便于调整与活扇之间隙；装门扇，保持 90°夹角，旋转转门，调整好上下间隙、门扇与转壁的间隙。

1.4.3 卷帘门窗安装施工

卷帘门窗通常有普通卷帘门窗和防火卷帘门两种。

卷帘门的安装方式有三种：卷帘门装在门洞边，帘片向内侧卷起的叫洞内安装；卷帘门装在门洞外，帘片向外侧卷起的叫洞外安装；卷帘门装在门洞中的叫洞中安装。防火卷帘门洞口根据设计设置预埋件，改建工程可用膨胀螺栓固定铁板来代替预埋件。

安装前要检查产品和零部件，测量产品各部位的基本尺寸、洞口尺寸、导轨和支架的预埋件位置、数量是否正确等。测量洞口标高，弹出两导轨垂线及卷筒中心线；将垫板焊接在预埋铁板上，固定卷筒的左右支架，安装卷筒并检查灵活程度；安装减速器和传动系统，安装电气控制系统，空载试车；将事先装配好的帘板安装在卷筒上；安装导轨，将两侧及上方导轨焊接于墙体预埋件上，并焊成一体，各导轨应在同一垂直平面上。安装防火联动控制系统并试车；先手动试运行，再用电动启闭数次，调整至顺畅、噪声小为止，全部完毕后，安装防护罩。最后粉刷或镶砌导轨墙体装饰面层。

1.4.4 自动铝合金门安装施工

自动铝合金门与普通铝合金门最大的差别在于开启方式不同。自动铝合金门主要是通过一个传感系统，自动将开、关门的控制信号转化成控制电机正、反转的指令，使电机作正向或反向起动、运行、停止的动作。自动铝合金门多做成自动推拉门，已大量用于宾馆、饭店、银行、机场、医院、计算机房和高级清洁车间等。

自动铝合金门安装前重点检查自动门上部吊挂滚轮装置的预埋钢板位置是否准确；按设计要求尺寸放出下部导向装置的位置线，预埋滚轮导向铁件和预埋槽口木条；取出木条再安装槽轨；安装自动门上部机箱槽钢横梁（常用 18 号槽钢）支承，槽钢横梁必须与预埋铁板牢固焊接。注意安装中门框、门扇和其他装饰件均不得变形并保持清洁，要按照说明书的程序仔细安装，安装后反复调试达到最佳运行状态。

课题 2　建筑玻璃加工与安装

玻璃装饰是建筑装饰工程的重要部分，玻璃的性能、规格、品种的多样化，基本能满足建筑装饰的不同要求。玻璃的实际应用，除了采光与装饰美化的作用之外，还能控制光线（透射、漫射、反射）、调节热量（吸热、反射热）、节约采暖和空调能源，以及控制噪声、降低建筑物结构自重和防辐射、防爆、防火等多种功能。

2.1 玻璃加工

2.1.1 玻璃裁割

玻璃裁割应根据不同的玻璃品种、厚度、外形尺寸采用不同的操作方法。

（1）平板玻璃裁割 裁割薄玻璃，可用 12mm×12mm 细木条直尺，量出裁割尺寸，再在直尺上定出所划尺寸。要考虑留 3mm 空档和 2mm 刀口。操作时将直尺上的小钉紧靠玻璃一端，玻璃刀紧靠直尺的另一端，一手握小钉按住玻璃边口使之不松动，另一手握刀笔直向后退划，然后扳开。若为厚玻璃，需要在裁口上刷煤油，一可防滑，二可使划口渗油，容易产生应力集中，易于裁开。

（2）夹丝玻璃裁割 裁割夹丝玻璃要认清刀口，握稳刀头，用力比裁割一般玻璃要大，速度相应要快，这样才不致出现弯曲不直。裁割后双手紧握玻璃，同时用力向下扳，使玻璃沿裁口线裂开。如有夹丝未断，可在玻璃缝口内夹一细长木条，再用力往下扳，夹丝即可扳断。然后用钳子将夹丝压平，以免搬运时划破手掌。裁割边缘上宜刷防锈涂料。

（3）压花玻璃裁割 裁割压花玻璃时，压花面应向下，裁割方法与夹丝玻璃相同。

（4）磨砂玻璃裁割 裁割磨砂玻璃时，毛面应向下，裁割方法与平板玻璃同，但向下扳时用力要大、要均匀。

2.1.2 玻璃打孔

玻璃打孔按所打孔径大小，一般采用两种方法，一种是玻璃刀划孔，一种是台钻钻孔。当孔径较大时，采用玻璃刀划孔。台钻钻孔就是利用台钻和金刚砂或玻璃钻头直接在玻璃上钻孔。

2.2 玻璃安装

2.2.1 玻璃栏板的安装

玻璃栏板是以玻璃为栏板，以扶手立柱为骨架，固定于楼地面基座上，用于建筑回廊（跑马廊）或楼梯栏板。

（1）回廊栏板安装

回廊栏板由三部分组成：扶手、玻璃栏板、栏板底座。

1）扶手安装

一般用膨胀螺栓或预埋件将扶手的两端与墙或柱连接在一起，扶手尺寸、位置和表面装饰依据设计确定。

2）扶手与玻璃的固定

木质扶手、不锈钢和黄铜管扶手与玻璃板的连接，一般做法是在扶手内加设型钢，如槽钢、角钢或 H 形型钢等。图 2-7、图 2-8 所示为木扶手及金属扶手内部设置型钢与玻璃栏板相配合的构造做法。有的金属圆管扶手在加工成形时，即将嵌装玻璃的凹槽一次制成，可减少现场焊接工作量，如图 2-9 所示。

3）玻璃栏板单块间的拼接

玻璃栏板单块与单块之间，不得挤紧拼紧，应留出 8mm 间隙。玻璃与其他材料的相交部位，也不能贴靠过紧，宜留出 8mm 间隙。间隙内注入硅酮系列密封胶。

图 2-7　木扶手与玻璃
栏板的连接

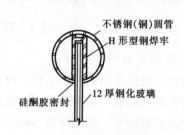

图 2-8　金属扶手加设
型钢安装玻璃栏板

4）栏板底座的做法

固定玻璃的做法较多，一般是采用角钢焊成的连接铁件，两条角钢之间留出适当间隙，即玻璃栏板的厚度再加上每侧 3~5mm 的填缝间隙，如图 2-10 所示。此外，也可采用角钢与钢板相配合的做法，即一侧用角钢，另一侧用同角钢长度相等的 6mm 厚钢板，钢板上钻 2 个孔并攻螺纹在安装玻璃栏板时于玻璃和钢板之间垫设氯丁橡胶条，拧紧螺钉将玻璃固定。

玻璃栏板的下端，不能直接坐落在金属固定件或混凝土楼地面上，应采用橡胶垫块将其垫起。玻璃板两侧的间隙，可填塞氯丁橡胶定位条将玻璃栏板夹紧，而后在缝隙上口注入硅酮胶密封。

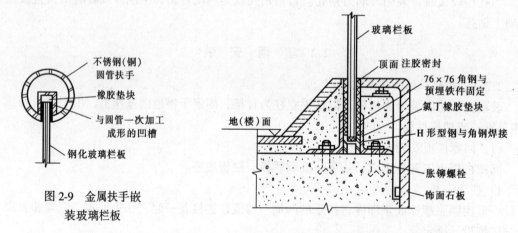

图 2-9　金属扶手嵌
装玻璃栏板

图 2-10　玻璃栏板底座连接示意图

（2）楼梯玻璃栏板的安装

对于室内楼梯栏板，其形式可以是全玻璃，称为全玻式，如图 2-11 所示；也可以是部分玻璃，称为半玻式，如图 2-12 所示。

室内楼梯玻璃栏板构造做法较为灵活，下面介绍其安装方法：

1）全玻式栏板上部的固定

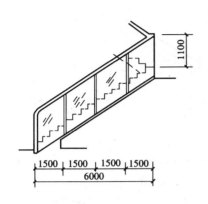

图 2-11 全玻式钢化玻璃楼梯栏板

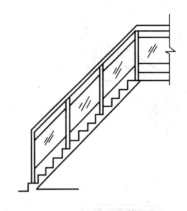

图 2-12 半玻式厚玻璃楼梯栏板

全玻式楼梯栏板的上部与不锈钢或黄铜管扶手的连接，一般有三种方式：第一种是金属管的下部开槽，厚玻璃栏板插入槽内，以玻璃胶封口；第二种是在扶手金属管的下部安装卡槽，厚玻璃栏板嵌装在卡槽内；第三种是用玻璃胶将厚玻璃栏板直接与金属管粘结，如图 2-13 所示。

2）全玻式栏板下部的固定

玻璃栏板下部与楼梯结构的连接多采用较简易的做法。图 2-14（a）所示为用角钢将玻璃板夹住定位，然后打玻璃胶固定玻璃并封闭缝隙。图 2-14（b）所示为采用天然石材饰面板作楼梯面装饰，在安装玻璃栏板的位置留槽，留槽宽度大于玻璃厚度 5～8mm，将玻璃栏板安放于槽内之后，再加注玻璃胶封闭。玻璃栏板下部可加垫橡胶垫块。

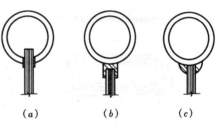

图 2-13 玻璃栏板与金属扶手的连接形式
（a）厚玻璃插入管槽内；（b）厚玻璃装入卡槽内；
（c）用玻璃胶粘结

3）半玻式玻璃栏板的固定

半玻式玻璃栏板的安装固定方式，多是用金属卡槽将玻璃栏板固定于立柱之间；或者是在栏板立柱上开出槽位，将玻璃栏板嵌装在立柱上并用玻璃胶固定，如图 2-15 所示。

2.2.2 空心玻璃装饰砖墙施工

空心玻璃装饰砖系当代建筑高档装饰之一，既可用于整个墙面，又可用于局部点缀。装潢效果光洁明亮，典雅华贵，得到了广泛应用。

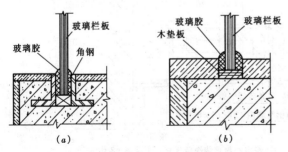

图 2-14 全玻璃栏板下部与楼梯地面的连接方式
（a）用角钢夹住玻璃；（b）饰面板留槽安装玻璃

空心玻璃装饰砖由两块分开压制的玻璃，在高温下封接加工而成，厚度有 50、80、95、100mm 等。空心玻璃装饰砖具有良好的隔声、抗压、耐磨、折光、透光不透明、防火、防潮等性能。屏风、顶棚、楼地面、阳台、外窗、柜台、浴室等装饰，均可采用。图 2-16 所示为空心玻璃装饰砖图案示例。

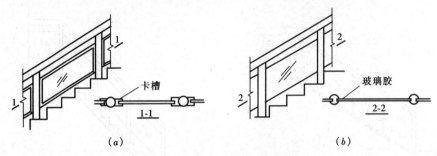

图 2-15　半玻式楼梯栏板玻璃的安装方式
（a）用卡槽安装于立柱之间；（b）直接安装在立柱内

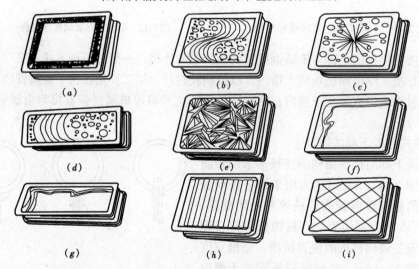

图 2-16　空心玻璃装饰砖图案示例
（a）方台纹；（b）水波纹；（c）流星纹；（d）水波纹；（e）钻石纹；
（f）云形波；（g）云形波；（h）平行纹；（i）菱形纹

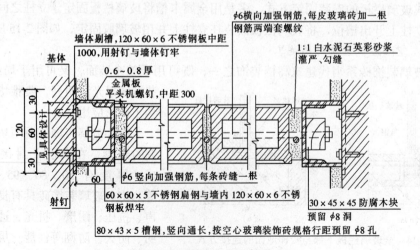

图 2-17　砌筑法节点示意图（一）

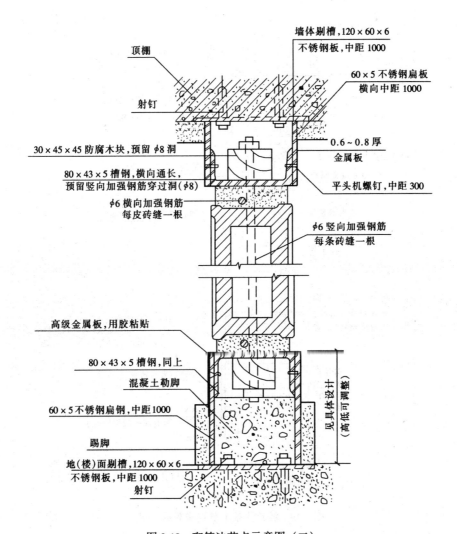

图 2-18　砌筑法节点示意图（二）

空心玻璃装饰砖墙的做法，基本上可分为砌筑法和胶筑法两种。

1）砌筑法

砌筑法是将空心玻璃装饰砖用1:1白水泥石英彩色砂浆（白砂或彩砂），与加固钢筋砌筑成空心玻璃砖墙（或隔断）的一种构造做法，如图 2-17、2-18 所示。

其施工工艺流程为：基层处理→刷结合层一道→浇筑勒脚→玻璃砖选择与编号→安装四周槽钢固定件→砌筑→勾缝→封口、收边→清理砖墙表面。

2）胶筑法

胶筑法是将空心玻璃装饰砖用胶粘结成空心玻璃砖墙（或隔断）的一种新型构造做法。其构造如图 2-19 所示。

其施工工艺为：安装四周固定件、安装防腐木条及涨缝、滑缝材料、胶筑空心玻璃装饰砖墙墙体，其他工序与砌筑法相同。

2.2.3　装饰玻璃板饰面

现代装饰中，玻璃板饰面被广泛采用。外墙饰面中，常用的有镭射玻璃装饰板饰面、

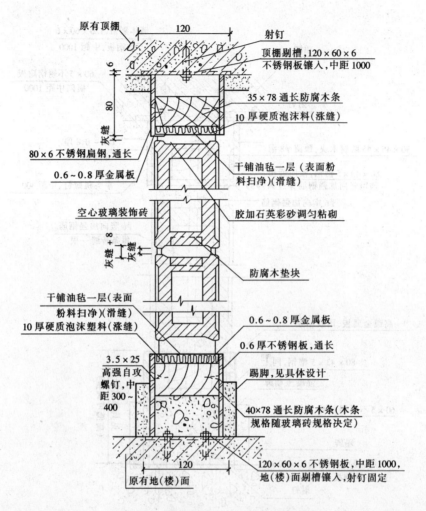

图 2-19 胶筑法基本节点构造示意图

微晶玻璃装饰板饰面、幻影玻璃装饰板饰面、彩釉钢化玻璃装饰板饰面、玻璃幕墙、空心玻璃砖等。至于其他玻璃装饰板饰面，则多大量用于内墙装饰及外墙局部造型装饰面。

（1）镭射玻璃装饰板装饰

镭射玻璃装饰板又名激光玻璃装饰板、光栅玻璃装饰板，系当代激光技术与建材技术相结合的一种高科技产品。我国北京五洲大酒店、深圳阳光酒店、上海外贸大厦及广州越秀公园、珠海酒店等，都程度不同地采用了这种装饰。

镭射玻璃装饰板的抗压、抗折、抗冲击强度，均大于天然石材。它不仅可用作内外墙面装饰，而且还可用作顶棚的楼地面以及吧台、隔断、灯饰、屏风、柱面、家具等的装饰。

镭射玻璃装饰板的施工做法，一般有铝合金龙骨贴墙做法、直接贴墙做法、离墙吊挂做法三种。

1）铝合金龙骨贴墙做法　镭射玻璃装饰板铝合金龙骨贴墙做法，系将铝合金龙骨直接粘贴于建筑墙体上，再将镭射玻璃装饰板与龙骨粘牢，如图 2-20、图 2-21 所示。该做法施工简便、快捷，造价比较经济。

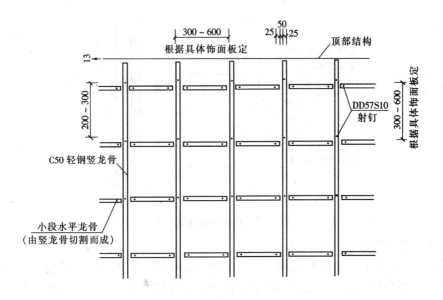

图 2-20　龙骨贴墙做法布置、锚固示意图

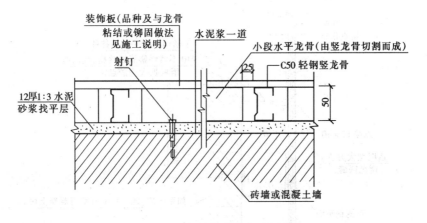

图 2-21　龙骨贴墙做法示意图

施工工艺流程为：墙体表面处理→抹砂浆找平层→安装贴墙龙骨→镭射玻璃装饰板试拼、编号→上胶处打磨净、磨糙→调胶→涂胶→镭射玻璃装饰板就位粘贴→加胶补强→清理嵌缝。

如所用装饰板并非方形板或矩形板，则龙骨的布置，应另出施工详图，安装时应照具体设计的龙骨布置详图进行施工。

2）直接贴墙做法　镭射玻璃装饰板直接贴墙做法不要龙骨，而将镭射玻璃装饰板直接粘贴于墙体表面之上，如图 2-22 所示。

其施工工艺流程为：墙体表面处理→刷一道素水泥浆→找平层→涂封闭底漆→板编号、试拼→上胶处打磨净、磨糙→调胶→点胶→板就位、粘贴→加胶补强→清理、嵌缝。

其余同铝合金龙骨贴墙做法。

3）离墙吊挂做法　镭射玻璃装饰板离墙吊挂做法适用于具体设计中必须将玻璃装饰板离墙吊挂之处，如墙面突出部分、突出的腰线部分、突出的造型面部分、墙内须加保温

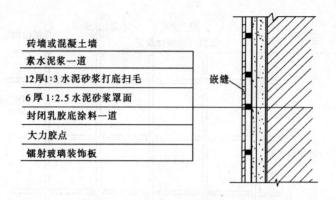

图 2-22　直接贴墙做法示意图

层部分等。其构造做法见图 2-23。

其施工工艺流程为：墙体表面处理→墙体钻孔打洞装膨胀螺栓→装饰板与胶合板基层粘贴复合→板编号、试拼→安装不锈钢挂件→上胶处打磨净、磨糙→调胶、点胶→板就位粘贴→清理嵌缝。

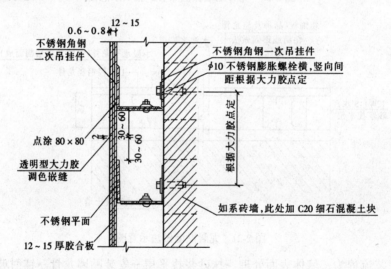

图 2-23　离墙吊挂示意图

（2）微晶玻璃装饰板装饰

微晶玻璃装饰板也是当代高级建筑新型装饰材料之一。该板具有耐磨、耐风化、耐高温、耐腐蚀及良好的电绝缘和抗电击穿等性能，其各项理、化、力学性能指标均优于天然石材。该板表面光滑如镜，色泽均匀一致，光泽柔和莹润，适用于建筑物内外墙面、顶棚、楼地面装饰。

微晶玻璃装饰板，主要分为铝合金龙骨贴墙做法，直接贴墙做法，离墙吊挂做法三种。其构造及施工均与镭射玻璃装饰板装饰墙面相同。

（3）幻影玻璃装饰板装饰

幻影玻璃装饰板是一种具有闪光及镭射反光性能的玻璃装饰板，其基片为浮法玻璃或钢化玻璃，有夹层、单层两种。该装饰板不仅可用于建筑内外墙的装饰，亦可用于建筑顶棚或楼、地面的装饰。它有金、银、红、紫、玉、绿、宝蓝及七彩珍珠等色,各种彩色的幻影玻璃装饰板可单独使用,亦可互相搭配组合。幻影玻璃装饰板有硬质、软质两种,前者适用于平面装饰,后者适用于曲面装饰。另外,3mm厚钢化玻璃基片适用建筑墙面装饰,5mm厚钢化玻璃基片适用于建筑墙面及楼、地面装饰,8mm厚钢化玻璃基片适用于舞厅、戏台地面装饰,(8+5)mm厚钢化玻璃基片适用于舞厅架空地面,可在玻璃下装灯。

现在有幻影玻璃装饰板、幻影玻璃壁面、幻影玻璃地砖、幻影玻璃软板(片)、幻影玻璃吧台等多种产品。

幻影玻璃装饰板建筑装饰的基本构造及做法,与镭射玻璃板装饰相同。

(4)彩釉钢化玻璃装饰板装饰

彩釉钢化玻璃装饰板,系以釉料通过丝网(或辊筒)印刷机印刷在玻璃背面,经烘干、钢化处理,将釉料永久性烧结于玻璃面上而成,具有反射光和不透光两大功能及色彩、图案永不褪色等特点,既是安全玻璃装饰板又是艺术装潢玻璃,不仅适用于建筑室内外墙面装饰及玻璃幕墙等处,而且还适用于顶棚、楼地面、造型面及楼梯栏板、隔断等处。

课题3 门窗工程施工质量标准及检验

3.1 门窗工程一般规定

验收规范对门窗工程做出的一般规定,主要有对材料性能的控制、材料的复验、隐蔽项目的验收、检验批的划分、工序等工艺要求等。

应检查的文件和记录

(1)门窗工程的施工图、设计说明及其他设计文件。

(2)材料的产品合格证书、性能检测报告、进场验收记录和复验报告。

(3)特种门及其附件的生产许可证。

(4)隐蔽工程验收记录。

(5)施工记录。

3.2 门窗工程隐蔽工程验收的项目

隐蔽工程项目的验收,主要是为了保证门窗安装牢固。主要项目包括预埋件和锚固件,隐蔽部位的防腐、填嵌处理。

3.3 门窗工程安装质量标准

3.3.1 基本规定

(1)门窗安装前,应对门窗洞口尺寸进行检验。

(2)金属门窗和塑料门窗安装应采用预留洞口的方法施工,不得采用边装边砌口或先安装后砌口的方法施工。

(3)木门窗与砖石砌体、混凝土或抹灰层接触处应进行防腐处理并应设置防潮层;埋入砌体和混凝土中的木砖应进行防腐处理。

（4）当金属窗或塑料窗组织时，其拼樘料的尺寸、规格、壁厚应符合设计要求。

3.3.2 一般允许偏差及检验方法

（1）木门窗

木门窗制作的留缝限值、允许偏差和检验方法应符合表 2-2 的规定。木门窗安装的留缝限值、允许偏差和检验方法应符合表 2-3 的规定。

木门窗制作的允许偏差和检验方法 表 2-2

项 次	项 目	构件名称	允许偏差（mm）普通	允许偏差（mm）高级	检 验 方 法
1	翘 曲	框	3	2	将框、扇平放在检查平台上，用塞尺检查
		扇	2	2	
2	对角线长度差	框、扇	3	2	用钢尺检查，框量裁口里角，扇量外角
3	表面平整度	扇	2	2	用1m靠尺和塞尺检查
4	高度、宽度	框	0；－2	0；－1	用钢尺检查，框量裁口里角，扇量外角
		扇	＋2；0	＋1；0	
5	裁口、线条结合处高低差	框、扇	1	0.5	用钢直尺和塞尺检查
6	相邻棂子两端间距	扇	2	1	用钢直尺检查

木门窗安装的留缝限值、允许偏差和检验方法 表 2-3

项 次	项 目		留缝限值（mm）普通	留缝限值（mm）高级	允许偏差（mm）普通	允许偏差（mm）高级	检 验 方 法
1	门窗槽口对角线长度差		—	—	3	2	用钢尺检查
2	门窗框的正、侧面垂直度		—	—	2	1	用1m垂直检测尺检查
3	框与扇、扇与扇接缝高低差		—	—	2	1	用钢直尺和塞尺检查
4	门窗扇对口缝		1～2.5	1.5～2	—	—	用塞尺检查
5	工业厂房双扇大门对口缝		2～5		—	—	
6	门窗扇与上框间留缝		1～2	1～1.5	—	—	
7	门窗扇与侧框间留缝		1～2.5	1～1.5	—	—	
8	窗扇与下框间留缝		2～3	2～2.5	—	—	
9	门扇与下框间留缝		3～5	3～4	—	—	
10	双层门窗内外框间距		—	—	4	3	用钢尺检查
11	无下框时门扇与地面间留缝	外 门	4～7	5～6	—	—	用塞尺检查
		内 门	5～8	6～7	—	—	
		卫生间门	8～12	8～10	—	—	
		厂房大门	10～20		—	—	

（2）钢门窗、合金门窗

钢门窗安装的留缝限值、允许偏差和检验方法应符合表 2-4 的规定。铝合金门窗安装的允许偏差和检验方法应符合表2-5的规定。

钢门窗安装的留缝限值、允许偏差和检验方法　　　　　表2-4

项次	项　目		留缝限值（mm）	允许偏差（mm）	检　验　方　法
1	门窗槽口宽度、高度	≤1500mm	—	2.5	用钢尺检查
		>1500mm	—	3.5	
2	门窗槽口对角线长度差	≤2000mm	—	5	用钢尺检查
		>2000mm	—	6	
3	门窗框的正、侧面垂直度		—	3	用1m垂直检测尺检查
4	门窗横框的水平度		—	3	用1m垂直检测尺检查
5	门窗横框标高		—	5	用钢尺检查
6	门窗竖向偏离中心		—	4	用钢尺检查
7	双层门窗内外框间距		—	5	用钢尺检查
8	门窗框、扇配合间距		≤2	—	用塞尺检查
9	无下框时门扇与地面间留缝		4~8	—	用塞尺检查

铝合金门窗安装的允许偏差和检验方法　　　　　表2-5

项次	项　目		允许偏差（mm）	检　验　方　法
1	门窗槽口宽度、高度	≤1500mm	1.5	用钢尺检查
		>1500mm	2	
2	门窗槽口对角线长度差	≤2000mm	3	用钢尺检查
		>2000mm	4	
3	门窗框的正、侧面垂直度		2.5	用垂直检测尺检查
4	门窗横框的水平度		2	用1m水平尺和塞尺检查
5	门窗横框标高		5	用钢尺检查
6	门窗竖向偏离中心		5	用钢尺检查
7	双层门窗内外框间距		4	用钢尺检查
8	推拉门窗扇与框搭接量		1.5	用钢直尺检查

（3）塑料门窗

塑料门窗安装的允许偏差和检验方法应符合表2-6的规定。

塑料门窗安装的允许偏差和检验方法　　　　　表2-6

项次	项　目		允许偏差（mm）	检　验　方　法
1	门窗槽口宽度、高度	≤1500mm	2	用钢尺检查
		>1500mm	3	
2	门窗槽口对角线长度差	≤2000mm	3	用钢尺检查
		>2000mm	3	

项次	项目	允许偏差 （mm）	检验方法
3	门窗框的正、侧面垂直度	3	用1m垂直检测尺检查
4	门窗横框的水平度	3	用1m水平尺和塞尺检查
5	门窗横框标高	5	用钢尺检查
6	门窗竖向偏离中心	5	用钢直尺检查
7	双层门窗内外框间距	4	用钢尺检查
8	同樘平开门窗相邻扇高度差	2	用钢直尺检查
9	平开门窗扇铰链部位配合间隙	+2；-1	用塞尺检查
10	推拉门窗扇与框搭接量	+1.5；-2.5	用钢直尺检查
11	推拉门窗扇与竖框平行度	2	用1m水平尺和塞尺检查

复习思考题

1. 门窗有哪些类型？各有何特点？
2. 木门窗是怎样安装的？
3. 塑料门窗是怎样安装的？
4. 合金门窗是怎样制作和安装的？
5. 特殊门窗有哪些？其安装是怎样进行的？
6. 常见的玻璃如何裁割？
7. 简述楼梯玻璃栏板的施工工艺。
8. 门窗工程隐蔽工程验收项目包括哪些？

单元 3　楼地面工程施工

【知识点】掌握块料楼地面、整体楼地面施工工艺和工艺要求，掌握楼地面工程的质量标准和检查方法；熟悉楼地面工程的概念、分类和组成，熟悉木质楼地面的施工工艺和工艺要求；了解楼地面工程常用的材料和工具。

课题 1　楼地面构造基本知识

1.1　楼地面的组成

楼地面是建筑底层地面（地面）和楼地面（楼面）的总称。建筑地面主要由基层和面层两大基本构造层组成。基层部分包括结构层和垫层，底层地面的结构层是基土，楼层地面的结构层则是楼板；而结构层和垫层往往结合在一起统称为垫层，它起着传递来自面层的荷载作用，因此基层应具有一定的强度和刚度。面层部分即地面与楼面的表面层，将根据生产、工作、生活特点和不同的使用要求做成整体面层、板块面层和木竹面层等各种如耐磨、耐酸、耐碱、防潮、防水、防滑、防爆、防霉、防腐蚀、防油渗、耐高温以及冲击、清洁、洁净、隔热、保温等功能性要求，为此应保证面层的整体性，并应要达到一定的平整度（或坡向度）。

当基层和面层两大基本构造层之间还不能满足使用和构造上的要求时，必须增设相应的结合层、找平层、填充层、隔离层等附加的构造层。

建筑地面工程构成的各层次见图 3-1。

建筑地面工程构成的各层构造示意见图 3-2 及图 3-3。

1.2　楼地面各层次作用

正确理解整个建筑地面工程构成各层次的作用，以便能够按不同的使用和功能要求进行施工监督和指导施工，从而保证建筑地面工程的整体质量。

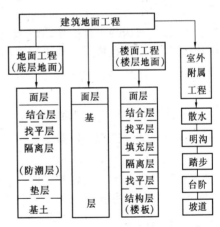

图 3-1　建筑地面工程构成各层次示意图

1.2.1　面层

位于楼层的最上层，是室内空间下部的装修层，面层对结构层起着保护作用，使结构层免受破坏，同时，也起装饰室内的作用。

1.2.2　基层

（1）基土

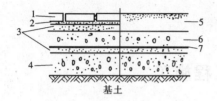
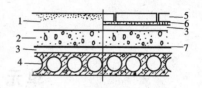

图 3-2　地面工程构造示意图

1—块料面层；2—结合层；3—找平层；4—垫层；5—整体面层；6—填充层；7—隔离层

图 3-3　楼面工程构造示意图

1—整体面层；2—填充层；3—找平层；4—楼板；5—块料面层；6—结合层；7—隔离层

多为素土或加入石灰、碎石的夯实土。

（2）楼板

楼板是楼层地面的结构层，它承受楼面（含各构造层）上的荷载，如现浇钢筋混凝土楼板或预制整块钢筋混凝土板和钢筋混凝土空心板以及木结构基层。压型楼板是在钢筋混凝基础上发展起来的，这种组合体系是利用凹凸相间的压型薄钢板作衬板和现浇混凝土浇筑在一起而形成的钢衬板组合楼板，既提高了楼板的强度，又加快了施工进度，近年来主要用于大空间、高层民用建筑和大跨度工业厂房中。

（3）垫层

位于基层之上，其作用是将上部的各种荷载均匀地传给地基，同时还起着隔声和找坡的作用。垫层按材料性质的不同，分为刚性垫层和非刚性垫层两种。刚性垫层，有足够的整体刚度，受力后不产生塑性变形，如低强度混凝土。非刚性垫层，无整体刚度，受力后会产生塑性变形，如砂、碎石、矿渣等散状材料。

1.2.3　构造层

（1）结合层

结合层是面层与下一层相连接的中间层，有时亦作为面层的弹性基层。主要指整体面层和板块面层铺设在垫层、找平层上时，用胶凝材料予以连接牢固，以保证建筑地面工程的整体质量，防止面层起壳、空鼓等施工质量造成的缺陷。

（2）找平层

找平层是在垫层上、钢筋混凝土板（含空心板）上或填充层（轻质或松散材料）上起整平、找坡或加强作用的构造层。

（3）填充层

填充层是当面层、垫层和基土（或结构层）尚不能满足使用要求或因构造上需要，而增设的构造层。主要在建筑地面上起隔声、保温、找坡或敷设管线等作用的构造层。

（4）隔离层

隔离层是防止建筑地面面层上各种液体（主要指水、油、非腐蚀性和腐蚀性液体）侵蚀作用以及防止地下水和潮气渗透地面而增设的构造层。

1.3　楼地面的分类

楼地面按工程做法和面层材料不同分为整体地面、板块地面和木、竹地面。整体地面包括水泥砂浆地面、混凝土地面、水磨石地面；板块地面包括大理石、花岗石和砖面层

（陶瓷锦砖、缸砖、陶瓷地砖和水泥花砖面层）等。

课题2 常 用 材 料

2.1 水 泥

水泥砂浆地面和混凝土地面宜选用高强度等级的水泥。白色或浅色的水磨石面层：应采用白水泥，深色水磨面层，宜采用硅酸水泥，同颜色的面层应使用同一批水泥。

2.2 大理石、花岗石

建筑地面使用的天然石材（大理石、花岗石等），必须符合国家现行行业标准《天然石材产品放射防护分类控制标准》JC518 中有关材料有害物质的限量规定，进场时应具有检测报告。

2.3 木、 竹

用于木、竹地板面层下的木搁栅、垫木、毛地板等采用的树种。选材标准、断面尺寸、含水率等主要技术指标应符合《木结构工程施工质量验收规范》GB 50206—2002 的有关规定。材料进场时，应按主要技术指标（断面尺寸、含水率）等进行抽验数量应符合产品标准和规范的规定。防腐、防蛀、防燃处理应符合规范规定。

2.4 石 粒

水磨石面层石粒应采用质地坚硬、耐磨、洁净的大理石、白云石、方解石、花岗石、玄武岩或辉绿岩等，要求石粒中不含风化颗粒和草屑、泥块、砂粒等杂质。石粒的最大粒径以比水磨石面层厚度小 1～2mm 为宜。普通水磨石地面宜采用 4～12mm 的石粒，而大粒径石子彩色水磨石地面宜采用 3～7mm、10～15mm、20～40mm 三种规格的石子组合。石粒粒径过大则不易压平，石粒之间也不易挤压密实。各种石粒应按不同的品种、规格、颜色分别存放，切不可互相混杂，使用时按适当比例配合。除了石粒可作水磨石的骨料外，质地坚硬的螺壳、贝壳也是很好骨料，这些产品沿海各地都有，来源较广，它们在水磨石中经研磨后，可闪闪发光，显示出珍珠的光彩。

2.5 颜 料

颜料在水磨石面层中虽用量不大，但从面层质量和装饰效果来说，却占有相当重要的位置。颜料一般采用耐碱、耐光、耐潮湿的矿物颜料。要求无结块，掺入量根据设计要求并做样板块确定，一般不大于水泥质量的 12%（质量分数）。并以不降低水泥强度为宜。

2.6 分 格 条

分格条也叫嵌条，通常主要用黄铜条、铝条和玻璃条三种，另外也有不锈钢、彩色塑料条。

2.7 其 他 材 料

草酸是水磨石地面面层抛光材料。草酸为无色晶体，有块状和粉末状两种。由于草酸是一种有毒的化工原料，不能接触食物，对皮肤有一定的腐蚀性，因此在施工中应注意劳动保护。与草酸混合白色粉末状的氧化铝，可用于水磨石地面面层抛光。水磨石地面面层磨光后用地板蜡做保护层，地板蜡有成品出售，也可根据需要自配蜡液，但应注意防火工作。

课题 3 楼地面面层的施工准备

楼地面面层的施工准备就是指楼地面面层下的构造的施工，即包括基土、垫层、找平层、隔离层和填充层等铺设施工。

3.1 基 土 的 施 工

基础施工完毕，进行基槽回填和房心回填时的施工工艺是：

3.1.1 清理

在回填之前，必须要对基槽、基坑的杂物进行彻底清理。

3.2.2 分层回填

首先必须要正确选择回填土：①粒径大于 50mm 的土②有机质含量大于 8% 的土③硫酸盐含量大于 5% 的土都不宜作为回填土。其次，回填应按设计规定的标高，经测量放线并设置分层控制桩分层回填夯实。每层虚铺填方厚度：用机械压实时，一般不大于 300mm；用蛙式打夯机夯实时，不应大于 250mm；用人工夯实时，则不应大于 200mm。

3.1.3 夯实

首先要检查回填土的含水量，过干、过湿都不易夯实，只有达到最佳含水量，才能夯填密实。所谓最佳含水量在现场检测就是手握成团落地开花时的含水量。其次要根据夯实的机械确定夯实的遍数，常用的夯土方法有人工夯实和机械夯实。

3.1.4 检测

每层夯实完毕，要用环刀进行取样。基坑、室内填土每层按 500～1000m² 取样一组，基槽每层 20～50m 取样一组，测定压实后土的干土质量密度满足密实度要求即可进行下一循环：分层回填→分层夯实……直到设计标高。

3.2 垫 层 施 工

一般垫层有砂和砂石垫层、碎（砖）石垫层、三合土垫层、炉渣垫层及混凝土垫层等。

3.2.1 砂垫层施工

砂垫层一般用中砂，中砂的砂质应坚实、清洁，不得含有草根等有机杂质，含泥量可放宽至不超过 5%，每层铺设厚度应控制在 60mm 以上，并应根据不同的夯（压）方式而有所不同，但是，不能采用冻结砂，并要注意在湿陷性黄土和膨胀土地区不得使用砂垫层。

（1）清理

对符合要求的基土进行验收后，将基土上的砖、碎杂物品、草皮等有机杂质加以清除。

（2）分层铺设

根据所用捣实方法、含水量要求，确定铺设厚度。

采用一夯压半夯的夯实方法，分层铺设厚度为 150～200mm，最佳含水量 8%～12%。

用平板振动器振压（平振法）时，每层铺设厚度为 200～250mm，最佳含水量为 15%～20%。

用插入式振捣器的振捣时，铺设厚度为振捣器的插入深度，最佳含水量为饱和状态。

采用辗压法时，每层铺设厚度为 250～300mm，最佳含水量为 10%～12%。

如采用水撼法（湿陷性黄土或膨胀土地区不得使用），即用水浇至饱和后，再用平板式振动器或手工夯压工具进行夯（压）密实，分层铺设每层厚度为 250mm。

（3）逐层夯（压、振）实

按分层铺设方法和含水量要求，应分层铺设洒水湿润，摊铺均匀直至达到厚度时，即可进行夯（压、振）实。由于砂很难夯实。所以，一般只要基土及其以下不是湿陷性土层或膨胀性土层，都可采用水撼法施工。

逐层夯（压、振）实后，必须检测砂垫层的密实度，其检查方法有两种：

1）环刀取样法，用容积不小于 200cm³ 的环刀取样。

2）贯入测定法　用直径 20mm、长 1250mm 的平头钢筋，举离砂层面 700mm 自由下落，插入深度以不大于通过试验所确定的贯入度为合格。

3）中砂在中密状态的干土质量密度为 1.55～1.60g/cm³。

3.2.2 炉渣垫层施工

炉渣垫层一般用炉渣和水泥，或炉渣、石灰和水泥共同拌合铺设，其厚度和设计无明确要求时，不宜小于 80mm，使用炉渣时应先泼石灰浆或消石灰拌合浇水闷透，否则，面层会鼓破。所用石灰必须经过熟化和过筛。

常用的配合比为水泥∶炉渣＝1∶6（体积比），或水泥∶石灰∶炉渣＝1∶1∶8（体积比），但设计有配合比时，必须按设计要求执行。

炉渣垫层拌合料必须拌合均匀，严格控制加水量（现场检查时，以手握成团为准），以免铺设时表面呈现泌水现象。

（1）清理

将基层表面清扫干净，并洒水湿润。

（2）抄平、放线

根据室内 +500 线，按设计要求弹出炉渣垫层厚度的控制线（桩），一方面是控制厚度和平整，另一方面是当厚度超过 120mm 时便于分层铺设；如铺设面积较大时，还应贴灰饼或冲筋。

（3）管道处理

如垫层内埋有管道，放线时应将管道走向弹出，以便敷设管道（线），然后再用细石混凝土埋设牢固。

（4）铺设垫层

铺设炉渣垫层时，应按弹出的控制线（桩）虚铺，平铺平摊，不要集中敷（堆）设；面积大时用木杠按灰饼或冲筋先拍实，然后刮平，要随铺设、随压实、随拍平。拍实（压实）后的厚度，不应大于虚铺厚度的 3/4。

（5）养护

主要是在炉渣垫层铺设完直至达到规定强度的这一段时间内，必须防止水的侵蚀，而且只有达到规定强度才能进行下一道工序的施工。

3.2.3 混凝土垫层施工

混凝土垫层的强度等级及厚度，必须符合设计要求；当设计无要求时，混凝土的强度等级不得低于 C10，厚度则不宜小于 60mm；混凝土垫层应分区段（分仓）进行浇筑，其宽度一般为 3～4m，但应结合变形缝的位置，并考虑不同面层材料的连接处和设备基础的位置等加以划分；混凝土垫层铺在基土上、且气温又长期处于零下的房间的地面，必须设置变形缝；室内、外混凝土垫层宜设置纵向和横向缩缝，缩缝常见形式如图 3-4（a）、（b）、（c）。

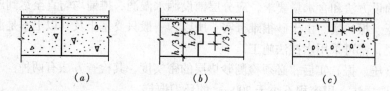

图 3-4 缩缝形式
（a）平头缝；（b）企口缝；（c）假缝

（1）清理

浇筑混凝土前，应将垫层下基土表面的一切杂物清理干净，如有油渍要冲刷清除。

（2）抄平放线

按室内 +500mm 基准线进行抄平，设置厚度控制桩（线），设置施工中的分区段（分仓）线、变形缝；按设计要求为设备安装预留孔洞。

（3）支模

根据放线按设计尺寸、座标点的标定准确地设置模板，设置模板时应考虑变形缝、预留孔洞、预埋件及施工缝设置的位置。并应在支模中随时检查模板的牢固性、核对几何尺寸、座标位置。模板支完经认证合格后，在浇筑混凝土前，应将模板洒水湿润。

（4）浇筑混凝土

浇筑混凝土前，应对原材料、配合比及拌合物坍落度进行检查，确认符合要求后才能浇筑混凝土。混凝土垫层应分区段浇筑，并应结合变形缝的位置，或不同材料的地面连接的位置进行划分。

浇筑中，应按规定留设施工缝，并在混凝土摊铺后，用振捣器振捣密实；振捣时要注意不得碰撞模板。

混凝土垫层表面要求平整密实，但不需光滑。

（5）养护

混凝土浇捣完毕后的 12h 内，应及时加以覆盖和洒水养护，养护时间：普通混凝土，不得少于 7d；对有抗渗性要求的混凝土，不得少于 14d。

3.3 找 平 层 施 工

根据施工规范规定在预制钢筋混凝土板上铺设找平层前，必须作好板缝的填嵌和板端的防裂构造装置；符合设计要求和规范规定后，方可继续施工。这是预防地面出现裂缝的重要措施。

3.3.1 预制构件的安装

预制钢筋混凝土板或梁的安装，都必须保证支座宽度，如：梁在砖墙上的支座长度或梁垫大小均应符合设计要求；板在砖墙上的支座宽度应不小于100mm，在混凝土上支座宽度应不小于70mm；座浆要随铺随座而且板座落在支座上必须平整稳定，严禁用木楔、石子等杂物垫塞。

预制板安装时，相邻板缝应拉开，其板缝宽度不应小于20mm，板缝宽度大于40mm时，板缝内应设置构造钢筋。板与墙平行时，亦必须留缝浇筑混凝土，不允许从砖墙上出砖将缝顶严。

如在板缝内暗配铺设管线时，应将板缝适当放宽，并必须将管线吊于板缝中，使之包裹在浇筑的水泥砂浆或混凝土中间。

3.3.2 板端间防裂构造

在支座处按设计要求设置的负弯矩钢筋网片，应距面层15~20mm，并必须注意避免在施工中网片踩到下面或产生位移。

3.3.3 板缝填嵌

板缝浇筑要根据施工情况妥善安排。并应作为一道独立而重要的工序完成，最好是在板安装完后立即进行浇筑板缝，板缝内应清理干净、保持湿润、填缝的细石混凝土强度等级不得小于C20。并且要有足够的养护时间，待强度增长达到允许要求后，再承受施工荷载。

板底应支模，不得用碎砖、碎石、水泥袋纸等嵌塞缝底。

按板缝情况及楼板构件强度等级，选择比构件强度等级提高二级的水泥砂浆或细石混凝土进行浇筑板缝。

板缝浇筑前，应将缝内杂物清理并用水冲洗干净，待稍干后，在板缝内侧刷水灰比为0.4~0.5的水泥浆，再分层浇筑水泥砂浆和细石混凝土，随浇筑随插捣密实并压平（浇捣至离板表面10mm处），但不抹光，然后进行养护。

3.3.4 找平层一般采用水泥砂浆、混凝土或沥青砂浆、沥青混凝土等，操作中还要遵守下列要求：

1）铺设找平层前，应将下一层表面的残碴污物清理干净。

2）找平层下，如为松散材料，则应铺平振实。

3）如为水泥砂浆找平层，其配合比宜为1:3（体积比），坡度及抹角应符合设计要求，抹平后进行二次压光，表面应压实、平整，并及时充分养护，不得有疏松、脱皮、起砂等现象。

4）混凝土强度等级，如设计无要求时，一般不宜低于C20，其操作方法与水泥砂浆找平层基本相同。

5）所用碎（卵）石的粒径，不宜大于找平层厚度的2/3。

6) 铺设沥青材料找平层前，涂刷冷底子油的配合比，及涂刷冷底子油后与铺设找平层的间隔时间，均应通过试验确定。

3.4 隔离层施工

有水房间地面有防水（潮）要求的应做隔离层。例如，盥洗间、浴室、卫生间等，且多以卷材防水为主。

课题 4 楼地面面层的工艺过程

4.1 块料楼地面施工工艺

4.1.1 基层处理

块材地面的施工一般在顶棚、墙面饰面完成后进行，先铺地面，后安装踢脚板。检查铺粘板块部位有无水、暖、电等工种的预埋件，施工前，要彻底清理地面基层上的尘土、砂浆块、白灰块等杂物，如有油渍更需清理，以免引起地面空鼓。并要检查板块的规格、尺寸、颜色、边角等，按施工顺序分类码放。

然后清扫并用水刷净（如为光滑的钢筋混凝土楼面，应凿毛），提前一天浇水湿润。

4.1.2 弹线、找规矩

块材地面铺贴前，先在房间四周弹出水平控制线，挂线检查地面垫层的平整度，做到心中有数。根据块材的厚度和结合层厚度（水泥砂浆应为 10～15mm；沥青胶应为 2～5mm；胶粘剂应为 2～3mm），确定平面标高位置。然后将房间规方，如小房间可以一面墙做基线，用弯尺规方；如房间较大或有柱网时，找出中心十字线，即在房间取中点、拉十字线，并据以排砖弹线。与走廊直接相通的门口处，要与走道地面拉通线，分块布置要以十字线对称，如相邻房间地面颜色不同时，分界线应放在门口门扇中间处。但地面铺贴的收边位置不应在门口处，门口处不应出现不完整的板块。

4.1.3 试拼，预排

根据标准线确定铺砌顺序和标准块位置，在选定的位置上，对每个房间的板块，应按图案、颜色、纹理试拼。根据设计图要求把板块排好，以便检查板块之间的缝隙（板的缝隙：花岗岩板不大于 1mm，水磨石板和水泥花砖不大于 2mm，预制混凝土板块不应大于 6mm），此外，核对板块与墙面、柱、管线洞口等的相对位置，当设计无要求时，宜避免出现板块小于 1/4 边长的边角料，影响感观效果。

4.1.4 铺贴

（1）砖面层

砖面层地面是指采用水泥砂浆、或沥青胶泥料、或胶粘剂等粘结陶瓷锦砖、缸砖、陶瓷地砖、水泥花砖等。其常见的构造及做法，如图 3-5、图 3-6 所示。

1）陶瓷锦砖

在水泥结合层上铺贴陶瓷锦砖时，结合层铺设和面砖铺贴同时进行。一般是待垫层砂浆具有一定强度后（水泥类基层的抗压强度不得小于 1.2MPa），用 1:1 水泥砂浆铺贴，铺贴前，宜在结合层上刷一遍水泥浆，按规方弹线位置拉通线处铺到预定部位，确认顺直后，在整张砖面上垫以木板，用橡皮锤拍实拍平，使表面平整、密实。并随时用靠尺核查平整度、坡度误差。贴完一段，应洒水湿透纸背，常温下 15min 左右揭纸，用开刀修理缝隙。然后用 1:1 水泥砂浆灌缝嵌实。铺贴完后，将陶瓷锦砖表面清扫干净，次日铺干锯木屑养护 3~4d，养护期间不得上人走动，以免破坏面层。

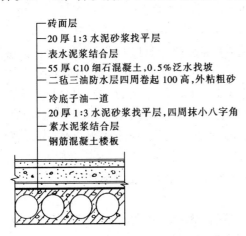
图 3-5 楼面做法示意图

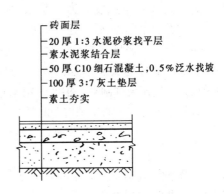
图 3-6 地面做法示意图

2）缸砖、陶瓷地砖和水泥花砖

在水泥结合层上铺贴缸砖、陶瓷地砖和水泥花砖面砖时，在铺贴前，应对砖的规格尺寸、外观质量、色泽等进行预选，浸水湿润晾干待用。铺贴时，一般根据排砖尺寸的弹线从中心线开始向两边或从门边向里拉线铺砖，（如有镶边则应铺砌镶边部分），采用 1:3 干硬性水泥砂浆，砂浆要铺设饱满。铺贴从整砖行或列开始，依次退着贴，将砖按控制线就位，用木锤或胶锤敲平敲实，各行或列之间缝隙用开刀或抹子的拔直拔匀，再敲一遍。砖表面多余灰浆用干净棉纱擦净。砖面间隙当设计无要求时，紧密铺贴间隙不大于 1mm，留隔间隙铺贴宜为 5~10mm，24h 内用 1:1 水泥砂浆嵌缝，要求缝隙严密，不得漏嵌，待水泥砂浆达到一定强度后，再用清水洗刷干净。

（2）大理石面层和花岗石面层

大理石和花岗石板块地面是属于较高级的地面。楼地面的构造及做法，如图 3-7、3-8 所示。

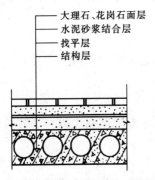
图 3-7 楼地面构造做法示意图

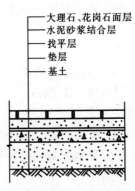
图 3-8 地面构造做法示意图

1）板块浸水

铺贴前要用刷子将板块贴面的浮浆和附着物彻底清理，并用水将板块浸湿、阴干，铺设时板块的粘贴面不得有明水。

2）砂浆结合层（找平层）

大理石和花岗石板块地面是属于较高级的地面，不仅要求有较好的平整度，而且不得有空鼓和产生裂缝，为此要求结合层要使用 1:2（体积比）的干硬性水泥砂浆，铺设时的稠度（标准圆锥体沉入度）为 2.5~3.5cm，即以手握成团，落地开花为宜。为了保证粘结效果，基层表面湿润后，还要刷水灰比为 0.4~0.5 的水泥浆，并随刷随铺板块。

摊铺干硬性水泥砂浆找平层时，摊铺砂浆长度应在 1m 以上，宽度要超出平板宽度 20~30mm，摊铺砂浆厚度 10~15mm，楼、地面虚铺的砂浆应比标高线高出 3~5mm，砂浆应从里向门口铺抹，然后用大杠刮平、拍实，用木抹子找平，再在结合层上试铺。铺好后用橡皮锤敲击，检查其密实度，如有空隙应及时补浆。待合适后，将平板块揭起，再在结合层上均匀地撒一层水灰比为 0.5 左右的水泥素浆，再将板块安放回原位，将板块复位正式镶铺。

3）铺贴、灌缝

正式镶铺时，板块要四角同时平稳下落，对准纵横缝后，用橡皮锤轻敲振实，并用水平尺找平。铺板时，要特别注意控制门口、墙角、管道等处铺贴的板块，不得在靠墙等处用水泥浆填补代替板块，应当按实际位置、尺寸、对板块等进行切割或套割后，进行铺设。使该处的板块完整。符合几何图形和尺寸的要求，并达到形体规矩、方整、边角整齐。

平板镶铺 1~2d 后再洒水养护。将板缝灰土清除，根据板块的颜色，配制相应的水泥色浆进行擦缝。然后用干锯末等将板块擦亮，并在潮湿条件下覆盖养护，3d 内禁止上人走动或搬运物品。

4）上蜡

铺砌后，待结合层砂浆强度达到 70% 后，揭去覆盖清理其他污物、灰尘等，方可打蜡抛光，要求达到光滑洁亮。

（3）预制板块面层

预制板块面层一般是指水泥混凝土板块和水磨石板块。

1）铺设结合层

结合层可采用砂结合层，砂浆或水泥浆结合层。当选用砂结合层时，应采用洁净中粗砂，铺设板块前，应洒水压实找平。厚度宜为 20~30mm；当选用砂浆结合，砂浆宜采用干性砂浆，铺设饱满刮平，厚度宜为 20~30mm；当选用水泥浆结合层，水泥浆厚度宜为 10~15mm。

2）调缝

板缝间隙应符合设计要求，如设计无要求时，水泥混凝土板块间隙不宜大于 6mm，水磨石板块间隙不宜大于 2mm。

3）擦缝

水泥混凝土板块间隙宜采用水泥浆（或砂浆）填缝，彩色混凝土板、水磨石板块面层的缝隙宜采用同色水泥浆（或砂浆）擦缝。

（4）料石面层

料石面层是指采用天然条石和块石。垫层可采用均匀密实的基土或夯实的基土，也可采用厚度不小于60mm的砂垫层。条石面层应组砌合理，无十字缝，铺砌方向和坡度应符合设计要求；块石面层石料缝隙相互错开，通缝不超过两块石料。

（5）塑料板（塑料卷材）面层

塑料板（塑料卷材）是指采用塑料板块材、塑料板焊接、塑料卷材以胶粘剂在水泥类基层上铺设的面层。水泥类基层一般是指水泥砂浆和水泥混凝土基层。铺设前，应根据设计要求，在基层表面进行弹线、分格、定位编号。涂刷胶粘剂应均匀，涂刷厚度宜控制在1mm以内。待胶粘剂不粘手时（一般静置为10~20min），一次就位准确，抹压密实。接缝如需焊接，一般须经48小时后就可施焊，控制焊接温度（一般在180~250℃），出现焊瘤应及时修平。焊条与面层应具有相容性。

（6）地毯面层

地毯面层是指采用方块、卷材地毯在水泥类面层（或基层上）铺设。铺设的方式有固定式和活动式两种。固定式铺设时，地毯张拉应适宜，四周卡条要固定牢固，门口处应用金属压条等固定。地毯周边应塞入卡条和踢脚线之间的缝中；活动式地毯铺设是指地上地毯拼成整块后直接铺在洁净的地上，地毯周边应塞入踢脚线下，与不同类型的建筑地面连接处，应按设计要求收口。小方块地毯铺设，块与块之间应挤紧服贴。

（7）踢脚板镶贴

预制小磨石、人造石和花岗石踢脚板一般高度为100~200mm，厚度为15~20mm。可采用粘贴法和灌浆法施工。踢脚板施工前应认真清理墙面，尤其是踢脚与墙面的交接处，提前一天浇水湿润，按需要数量将阴角处踢脚板的一端，用切割机切成45°，并将踢脚板用水刷净，阴干备用。镶贴时由阳角开始向两侧试贴，检查是否平直，缝隙是否严实，有无缺边掉角等缺陷，合格后方可实贴。铺设的方法有粘贴法和灌浆法，不论采取什么方法安装，均先在墙面两端

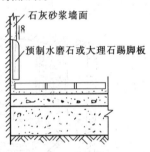

图3-9　踢脚板安装示意图

先各镶贴一块踢脚板，其上沿高度在同一水平线上，出墙厚度要一致，然后沿两块踢脚板上沿拉通线，逐块依顺序安装。其构造做法如图3-9所示。

1）粘贴法

根据墙面的水平控制线，用1:2~2.5水泥砂浆抹底并刮平划毛，待底层砂浆干硬后，将已湿润阴干的预制水磨石踢脚板抹上2~3mm素水泥浆进行粘贴，靠尺板找平、找直。及时将上口余浆清理干净，在常温下应养护3d，检查有无空鼓，然后用与板同色的水泥浆擦缝。

2）灌浆法

将踢脚板临时固定在安装位置，用石膏将相邻的两块踢脚板以及踢脚板与地面、墙面之间粘结稳牢，然后用稠度100~150mm的1:2水泥砂浆（体积比）灌缝，并随时把溢出的砂浆擦干净。待灌入的水泥砂浆终凝后，把石膏铲掉擦净，用与板面同色水泥浆擦缝。

4.2　整体楼地面施工工艺

4.2.1　水泥砂浆地面

（1）基层处理

水泥砂浆面层多铺抹在楼地面混凝土垫层上，基层处理是防止水泥砂浆面层空鼓、开裂等质量通病的关键工序。因此，要求基层应具有粗糙、洁净、潮湿的表面，必须仔细清除一切浮灰、油渍、杂质，否则形成一层隔离层，会使面层结合不牢。表面比较光滑的基层，应进行凿毛，并用清水冲洗干净，冲洗后的基层，最好不要上人。在现浇混凝土或水泥砂浆垫层、找平层上做水泥砂浆地面面层时，其抗压强度≥1.2MPa，才能铺设面层。

（2）规方、找平

1）弹水平基准线。根据室内基准水平线 + 500mm，在房间四周弹出厚度控制线（水平辅助基准线），作为地面面层上皮的水平基准，同时要考虑与门框的下坎裁口吻口，以及有水房间地面、地漏的排水坡度。如图 3-10 所示。要注意按设计要求的水泥砂浆面层厚度弹线。

2）做标筋。根据水平辅助基准线，从墙角处开始沿墙每隔 1.5～2.0m 用 1:2 水泥砂浆抹标志块；标志块大小一般是 8～10cm 见方。待标志块结硬后，再以标志块的高度做出纵横方向通长的标筋以控制面层的标高如图 3-11 所示。地面标筋用 1:2 水泥砂浆，宽度一般为 8～10cm。

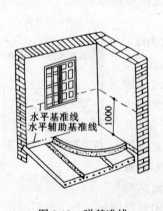

图 3-10 弹基准线

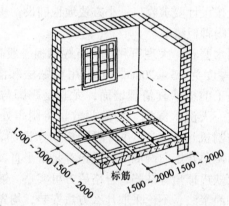

图 3-11 做标筋

3）对于厨房、浴室、厕所等房间的地面，找好排水坡度。有地漏的房间，要在地漏四周做出不小于 5% 的泛水，避免地面"倒流水"或积水。抄平时要注意各室内地面与走廊高度的关系。

4）地面铺设前，还要将门框再一次校核找正。其方法是先将门框锯口线抄平校正，并注意当地面面层铺设后，门扇与地面的间隙应符合规定要求，然后将门框固定，防止松动、位移。

（3）铺设、抹压

面层水泥砂浆的配合比应符合设计要求，一般不低于 1:2 的体积比加水拌制而成水泥砂浆的其稠度不应大于 35mm。现场测试：以手握（捏）成团，稍出浆即合适。水泥砂浆要求拌合均匀，颜色一致。

铺抹前，应提前一天将基层浇水湿润，但不宜过多，以防渗漏。在湿润的基层上，用水灰比为 0.4～0.5 的水泥素浆刷一遍，随即进行面层铺抹。必须要随刷随抹。

地面面层的铺抹方法是在标筋之间铺砂浆，随铺随用木抹子拍实，用短木杠按标筋标高刮平。刮时要从室内由里往外刮到门口，符合门框锯口线标高，然后再用木抹子搓平，并用铁皮抹子稍用力压出水花，使面层均匀、紧密与基层结合牢固。

第一遍压光应在水泥砂浆初凝收水后进行。在操作中，当人站上去有脚印但不下陷就可用铁皮抹子抹压；抹压时从边到大面顺序加力压实、压光，不得漏压且要把凹坑、砂眼和脚印等压平，以消除表面气泡、孔隙等缺陷。

跟着压第二遍。压时用力轻一些，使抹子纹浅一些，以压光后表面不出现水纹为宜。如面层有多余的水分，可根据水分的多少适当均匀的撒一层干泥或干拌水泥砂浆来吸取面层表面多余的水分，再压实压光（但要注意，如表面无多余的水分，不得撒干水泥或干拌水泥砂浆），同时把踩的脚印压平并随手把踢脚板上的灰浆刮干净。

水泥砂浆终凝前进行第三遍压光，当人踩上砂浆面层时，没有明显脚印就可以开始抹压。抹压时用力要大而且均匀，将整个地面全面压实、压光，并且要把第二遍留下的抹子纹、毛细孔压平、压实、压光，使表面密实光滑。这道工序很重要，所以，必须在水泥砂浆终凝前完成，确保水泥砂浆面层达到密实、光滑、平整。

有些较大的房间，要设置分格缝，可根据要求加镶玻璃条等，以防止地面产生不规则裂纹。

（4）养护和成品保护

面层抹完后，在常温下铺盖草垫或锯末屑进行浇水养护，使其在湿润的情况下凝结硬化。养护要适时，如浇水过早易起皮，过晚则易产生裂纹或起砂。一般夏天 24h 后养护，春秋季节应在 48h 后养护。养护时间不少于 7d，如采用矿渣水泥，则不少于 14d。当水泥砂浆面层强度 ≥5MPa，才允许人在地面上行走或进行其他作业。

4.2.2 混凝土地面

混凝土地面施工工艺和水泥砂浆地面相似只是混凝土地面面层多为强度等级不小于 C20 细石混凝土面层。浇筑水泥混凝土面层后，应用平板振动机具振实。一次浇筑水泥混凝土垫层（兼面层）时，宜采用随捣随抹的方法。抹平与压实要控制在水泥混凝土初凝和终凝之间。压光 12h 后，即应覆盖并洒水养护，养护期应确保覆盖物湿润，每天应洒水 3 ~4 次（天热增加次数）。约需延续 10~15d 左右但当日平均温度低于 5℃时，不得浇水。

4.2.3 现浇水磨地面

（1）基层清理　做水磨石面层前，将基层上尘土、杂物、油渍等清除干净，冲洗湿润。

（2）弹分格线　基层清理后，按设计要求的图案、分格及厚度，并根据 +500mm 基准水平线，弹出图案、分格线和标高线，弹分格时，并应从中间向四周排放分格，非整块和不均匀的应排在周边。

（3）埋设分格条

弹线后应拉通线埋设分格条，嵌条时，先用水泥浆将贴灰饼点浆靠稳，再按弹线放好分格条；分格条应水平一致，整齐顺直、接头紧密（用拉 5m 线或通线检查，偏差应 ≤1mm）。分格条的上表面就是未来地面的上表面，埋设时应严格控制分格条的高度，过低不易磨出，过高容易使分格条压碎、压弯。在分格条下的水泥浆形成八字角，素水泥浆涂抹高度至少为分格条的 1/2，最多不能超过分格条的 2/3 并应比分格条低 3mm，俗称"粘七露三"。在分格条的十字交叉处的应紧靠成十字，距十字中心应各离 40 ~

50mm 区段内，不得抹灰棱，使之留出空隙（图3-12）。以便分格条两边外侧顶部及交叉处，能抹入水磨石拌和料，而不致产生分格条两边及交叉处无石子而成黑边、黑块等缺陷。

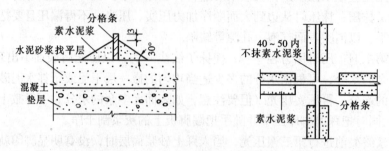

图 3-12 分格嵌条设置

（4）抹找平层 在已埋设好的分格条，将基层清理干净。洒水湿润后，随刮素水泥浆随铺以 1:2.5 的水泥砂浆用木抹子压实、搓平，上留磨石面层厚度。

（5）铺抹石子浆

面层水泥石子浆的配比为水泥：大八厘石粒为 1:2；水泥：中八厘石粒为 1:2.5。浆量应准确，宜先用水泥和颜料干拌过筛，再掺入石渣，拌合均匀后，加水搅拌，水泥石子浆稠度宜为 6cm。

铺设水泥石子浆前，应刷素水泥一道，并随即浇筑石子浆，铺设厚度要高于分格条 1～2mm，先铺分格条两侧，并用抹子将两侧约 10cm 内的水泥石子浆轻轻拍压平实，然后铺分格块中间石子浆，以防滚压时挤压分格条，铺设水泥石子浆后，用滚筒第一次压实，然后铺分格块中间石子浆，滚压时要及时扫去粘在滚筒上的石渣，缺石处要补齐。2h 左右，用滚筒第二次压实，直至将水泥砂浆全部压出为止，再用木抹子或铁抹子抹平，次日开始养护。

（6）表面磨光

开磨前，宜用手工试磨，以表面石子不松动为准。普通水磨石的面层一般磨光三次，补浆两次。即所谓"两浆三磨"。第一遍，用 60～90 号粗金刚石粗磨，边磨边加水，要求磨匀磨平，使全部分格条外露，随时用 2m 长靠尺检查，使表面平整。磨后将泥浆冲洗干净，干燥后，用同色水泥浆涂抹，以填补面层所呈现的小孔隙和凹痕，洒水养护 2～3d。第二遍，用 90～120 号金刚石细磨，随时用 2m 长靠尺检查，使表面更平整，将粗磨时的抹纹去掉。此时表面应基本光滑，并再冲洗，养护 2～4d。第三遍，用 180～240 号金刚石精磨，磨至表面石子颗粒显露，平整光滑，无砂眼细孔。

（7）涂擦草酸

用水冲洗干净并擦干后，涂抹溶化冷却的草酸溶液（热水：草酸 = 1:0.35），用 300 号以上油石研磨直污垢全部清除，表面光滑，用水冲洗干净、晾干；再用 10% 浓度的草酸加入 1%～2% 的氧化铝涂刷在磨面上细磨出亮光。

（8）打蜡

上蜡时先将蜡洒在地面上，待干后再用钉有细帆布（或麻布）的木块代替油石，装在磨石机的磨盘上进行研磨，直至光滑洁亮为止，上蜡后铺锯末进行养护。

4.3 木板面施工工艺

实木地板面层采用条木和块材实木地板或采用拼花实木地板，以空铺和实铺方法在基层（结构层）上铺设而成。实木地板面层可采用单层木板或双层木板面层铺设，单层木板面层是在木搁栅上直接钉企口木板，双层木板面层是在木搁栅上先钉毛地板，再钉企口木板。木搁栅有空铺和实铺两种如图 3-13。拼花木地板面层是用加工好的拼花木板铺钉毛地板上或以沥青胶料粘贴于毛地板、水泥基层上铺设而成如图 3-14。

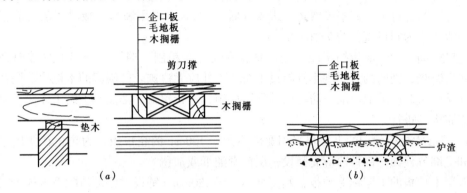

图 3-13　木板面层构造做法示意
（a）空铺式；（b）实铺式

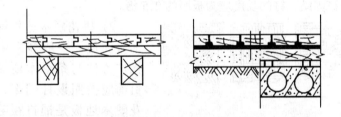

图 3-14　拼花木板面层构造做法示意

4.3.1　基层施工
（1）空铺式基层施工方法

空铺式基层木搁栅搁于墙体的垫木上，木搁栅之间加设剪刀撑，木板面层在木板下面留有一定的空间，以利于通风换气。为节约木材，也有用混凝土搁栅代替木搁栅。

（2）实铺式基层施工方法

先在楼板或垫层上弹出木搁栅位置线，将木搁栅安放平稳，并使其与预埋在楼板（或垫层）内的铅丝或预埋铁件绑牢固定，木搁栅间如需填干炉渣时，应加以夯实拍平，木搁栅和毛底板均应作防腐处理。

4.3.2　面层
（1）钉接式

钉接式木地板面层可用于空铺式，其面层有条形地板和拼花地板两种形式。其操作要点如下：

1）条形木地板铺钉　条形木地板有单层木板面层和双层木板面层两种。

A．单层木地板面层，其顶面要刨平，侧面带企口，板宽不大于120mm，地板应与木搁栅垂直铺钉，并要顺进门方向。接缝均应在木搁栅中心部位。且应间隔错开，板与板之间仅允许个别地方有空隙，其宽度不得大于1mm，如为硬木长条形地板，个别地方缝隙宽度不得大于0.5mm。木板面层与墙之间应留10~20mm的缝隙，以后逐块排紧铺钉，缝隙不得超过1mm。圆钉的长度应为木板厚的2~2.5倍，圆钉帽要砸扁，钉从板的侧边凹角处斜向钉入，板与搁栅相交处至少钉一颗。木板的排紧方法，一般可在木搁栅上钉一只扒钉，在扒钉与板之间夹一对硬木楔，打紧硬楔就可使木板排紧，钉到最后一块，因无法斜向钉，可用明钉钉牢、钉帽要砸扁，进入板面3~5mm。采用硬木地板时，铺钉前应先钻孔，一般孔径为圆钉直径的7/10~8/10。

企口板铺完后，应清扫干净。先按垂直木纹方向粗刨一遍，再按细木纹方向细刨一遍，然后磨光，刨磨的总厚度不宜超过1.5mm，并应无痕迹。已刨磨的木地板面层在室内喷浆或贴墙纸时应采取防潮、防污染的保护措施，进行覆盖。油漆和上蜡工作应待室内一切施工完毕后进行。

B．双层木地板面层的上层也采用宽度不大于120mm的企口板，为防止在使用中发出声响和受潮气侵蚀，铺钉前应先铺设一层沥青油纸或油毡。

双层木地板的下层称毛地板，其宽度不大于120mm。铺设时必须清除毛地板下空间内的刨花等杂物。毛地板应与搁栅成30°或45°方向钉牢，并应使髓心向上，板间缝隙不应大于3mm，以免起鼓。毛地板和墙之间应留10~20mm缝隙，每块毛地板应在其下的每根木搁栅上各用两个钉固结，钉的长度应为板厚的2.5倍。

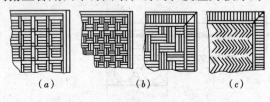

图3-15 拼花硬木地板纹样
(a)方格形；(b)席纹形；(c)人字形

2）拼花硬木地板铺钉 拼花硬木地板面层，一般多采用企口拼缝，其操作方法与条形木地板基本相同。铺钉前应按照设计图案，分格试铺。拼花硬木地板是铺钉在毛地板上的，毛地板的铺钉应符合要求，经检查合格后方可铺钉面层，毛地板与面层板间应加铺一层油毡或油纸。常见的拼花木地板面层图案有方格形、席纹形和人字形等，如图3-15所示。

（2）粘结式

粘结式木地板面层一般多用于实铺式基层，如冷胶拼花硬木地板面层的施工。施工工艺流程包括：基层处理→弹线定位→涂刷胶粘剂粘贴地板→刨平磨光和油漆上蜡等。基层清理平整、干净后，先弹出房间十字中心线再弹一圈边线，根据房间尺寸和拼花地板的大小算出块数。如为单数，则房间的十字中心线和中间一块拼花地板的十字拼缝线吻合；如为双数，则房间十字中心线应和中间四块拼花地板的十字拼缝吻合。

先用聚醋酸乙烯乳液在地面上涂刷一遍，再将配制好的胶粘剂倒在上面，用橡皮刮板均匀铺开，胶粘剂的配合比为聚醋酸乙烯乳液：水泥 = 7：3（质量比），涂刷要均匀，并注意避免粘上泥砂影响粘贴质量。涂刷胶粘剂和粘贴地板应同时进行，一人在前刷胶粘剂。一人在后跟着粘贴地板，粘贴拼花地板应按设计图案进行，随贴随修正。贴完后须在常温下保养5~7d，再用电动滚刨机刨削平整，滚磨机磨平、磨光，最后刷油漆打蜡擦亮。

4.3.3 木踢脚板

木地板房间的四周墙脚角处应设木踢脚板，踢脚板一般高 100 ~ 200mm，常采用的是高 150mm，厚 20 ~ 25mm。所用木材一般也应与木地板面层所用材质品种相同。一般木踢脚板与地面转角处安装木压条或安装圆角成品木条，其构造做法，如图 3-16 所示。

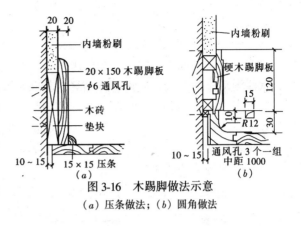

图 3-16　木踢脚做法示意
（a）压条做法；（b）圆角做法

4.4　室外附属工程

4.4.1　散水和明沟

房屋的四周可采取散水和明沟排除雨水。当屋面为有组织排水时一般设明沟或暗沟，也可设散水。

（1）散水

屋面为无组织排水时一般设散水。散水通常采用砖、三合土、混凝土等材料铺设而成，厚度 60 ~ 70mm。散水应设不小于 3% 的排水坡，散水宽度一般为 0.6 ~ 1.0m。散水一般构造如图 3-17。

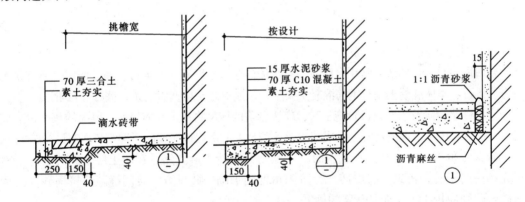

图 3-17　散水的构造做法

散水施工前，应在外墙面上画出散水上缘标高线，按横向坡度及散水宽度，向外立模板，模板顶面应为散水下缘标高（砖散水则挖土槽），模板顶面应高出室外地坪 50。

砖砌散水，应先拉线在土槽内砌一行立砖，砖顶面高出室外地坪 50mm。散水基土挖成 5% 斜面，夯实三遍（如土质不良，应挖去 10cm 深，回填 3:7 灰土夯实三遍），基土面上铺砂，平砌砖，用砂灌缝。

三合土及混凝土散水的施工同相应的地面面层。混凝土散水的转角处及每 12m 长要留置变形缝。转角处变形缝与外墙面成 45°角，其他部位与外墙面相垂直。变形缝位置应避免在落水管口处。缝内填塞沥青砂浆。

（2）明沟

明沟采用有砖、毛石、混凝土等材料铺设而成。室外明沟的各构造层次应为：素土夯实、垫层和面层。其各层采用的材料、配合比、强度等级以及厚度等均应符合设计要求。施工时应按基土和同类垫层、面层的施工要点与注意事项进行。

水泥混凝土的明沟，应设置伸缩缝，其间距宜按各地气候条件和传统做法确定，但间距不应大于10m。房屋转角处亦应设置伸缩缝，其缝与外墙面成45°角。明沟与建筑物连接处和应设缝进行技术处理。缝宽度为20mm，缝内填塞沥青胶结料或沥青砂浆。室外明沟沟底排水纵坡应等于或大于0.5%，并应由基土（或基层）找坡。

明沟一般构造如图3-18。

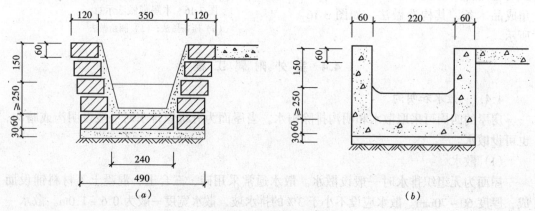

图 3-18　明沟构造做法
(a) 砖砌明沟；(b) 混凝土明沟

4.4.2 踏步

(1) 室外入口踏步（台阶）

台阶即室外入口踏步。常用台阶采用有水泥砂浆、水磨石、砖等材料铺设而成。还有采用毛石、条石、整体混凝土以及钢筋混凝土架空、预制混凝土板搁置、条石搁置等台阶。

水泥砂浆台阶及水磨石台阶施工时，应按台阶的坡度将基土夯成斜面，以上的灰土也夯成斜面，然后立模板，现浇混凝土做成踏步，各踏步上的面层按照相应楼梯踏步面层进行施工。

砖砌台阶施工时，基土夯成斜面，灰土则夯成踏步形。然后在灰土层上砌砖，每个踏步先砌一层平砖，再砌一层侧砖。台阶阳角处则平砌一砖见方。砖间缝隙要挤满砂浆。清水砖台阶则应用1:1.5水泥砂浆勾缝。

(2) 室内楼层踏步（踏步）

室内楼层踏步，常用踏步面层采用水泥砂浆、水磨石（整体水磨石或预制水磨石板块）材料铺设而成。亦有采用大理石、花岗石和砖（缸砖、陶瓷地砖、水泥花砖）等板块材料铺设而成。施工要点为：

1) 楼梯踏步的高度，应以楼梯间结构层的标高结合楼梯上、下级踏步与平台、走道连接处面层的做法进行划分，以使铺设后每级踏步的高度与上一级踏步和下一级踏步的高度差不应大于10mm。

2) 楼梯踏步面施工前，应在楼梯一侧墙面上画出各个踏步做面层后的高宽尺寸及形状，或按每个梯段的上、下两头踏步口画一斜线作为分步标准。

3) 楼梯踏步面层的施工与相应的面层基本相同，每个踏步宜先抹立面（踢面）后再抹平面（踏面）。楼梯踏步面层应自上而下进行施工。

4）水磨石面层常做水泥钢屑防滑条。有防滑条的踏步，应在底层砂浆抹完后，用素水泥浆粘上用水浸泡过的米厘条，然后抹面层砂浆，与米厘条相平，待面层砂浆凝固后，取出来米厘条，在槽内填以 1:1.5 水泥钢屑浆，并高出踏面 4~5mm，用圆阳角抹子将实捋光。亦可采用预制的水泥钢屑防滑条，用素水泥浆粘结埋入槽内。

5）水泥砂浆楼梯踏步施工：

A. 清扫基层，洒水润湿，并涂素水泥浆一道，随即抹 1:3 水泥砂浆（体积比）底子灰，厚约 15mm；

B. 抹立面（踢面）时，先用靠尺压在上面，并按尺寸留出灰口，依着靠尺用木抹搓平，再把靠尺支在立面上抹平面，依着靠尺用木抹搓平，并做出棱角，把底子灰划麻，次日罩面；

C. 罩面灰宜采用 1:2~2.5 水泥砂浆（体积比），厚 8mm，应根据砂浆干湿情况先抹出几步，再返上去压光，并用阴、阳角抹子将阴、阳角捋光，24h 后开始浇水养护。

6）现制水磨石楼梯踏步施工：

A. 罩面一般用 1:1.5 水泥石粒浆（体积比），石粒常用粒径为 4~6mm。

B. 完工后应用木板或草帘等铺设在踏步上保护。

7）预制水磨石、大理石板等楼梯踏步施工：

A. 先在立墙上弹出踢脚线和踏步线。

B. 安装顺序应为踢脚板→踏步立板→踏步板，逐步由上往下安装。

C. 穿踏步板的楼梯栏杆洞眼位置必须准确，洞眼可稍大一些，楼梯栏杆安装后用与踏步板同颜色的素水泥浆灌严。

D. 踢脚线、踏步立板和踏步板的施工（安装）方法与大理石面层和花岗石面层施工相似。

E. 施工（安装）后应铺设木板保护，7d 内不准上人，14d 内不准运输材料等重物。

8）楼梯踏步面层未验收前，应严加保护，以防碰坏或撞掉踏步边角。

4.4.3 坡道

坡道（大门坡道）彩水泥砂浆、水磨石、混凝土等材料铺设而成。

坡道的施工方法与相应的地面工程施工基本相同，只是基土及垫层等均按斜度做成斜面，其基土、垫层厚度应符合设计要求。

当坡道的斜度大于 10% 时，斜坡面层应做齿槽形。

齿槽做法：当面层砂浆抹平时，用两块靠尺（断面为 80mm×6mm），相距 80mm，平行地放在面层上，用水泥砂浆在两靠尺间抹面，上口与上靠尺顶边齐平，下口与下靠尺底边相平。这样从上到下逐条抹出即成齿槽。

课题 5 楼地面工程施工质量标准及检验

5.1 整体楼地面施工工艺施工质量标准及检验

5.1.1 整体楼地面施工质量标准

（1）整体楼地面面层厚度应符合设计要求。

（2）水泥混凝土面层表面不应有裂纹、脱皮、底面、起砂等缺陷。

（3）水磨石面层表面应光滑，石粒完美，显露均匀，颜色图案一致、不混色、分格条牢固、顺直和清晰。

5.1.2　整体楼地面工程允许偏差及检查方法见表3-1。

整体楼地面工程质量验收标准　　　　表3-1

项次	项目	允许偏差（mm）						检验方法
		水泥混凝土面层	水泥砂浆面层	普通水磨石面层	高级水磨石面层	水泥钢（铁）屑面层	防油渗混凝土和不发火（防爆的）面层	
1	表面平整度	5	4	3	2	4	5	用2m靠尺和楔形塞尺检查
2	踢脚线上口平直	4	4	3	3	4	4	拉5m线和用钢直尺检查
3	缝格平直	3	3	3	2	3	3	

5.2　块材楼地面施工工艺施工质量标准及检验

5.2.1　块材楼地面施工质量标准

（1）面层所用块材的品种、质量必须符合设计要求。

（2）面层与下一层的结合（粘结）应牢固，无气鼓。

（3）塑料卷材品种、规格、颜色、等级应符合设计要求及现行国家标准的规定。面层与下一层的粘结应牢固，不翘边、不脱胶、无溢胶。

（4）地毡的品种、规格、颜色、花色、胶料和辅料及其材质必须符合设计要求和国家现行地质产品标准的规定。

（5）地毯表面不应起鼓、起皱、翘边、卷边、显拼缝、露线和无毛边，绒面毛顺光一致，顺直干净，无污染和损伤。

5.2.2　块材楼地面工程允许偏差及检查方法见表3-2。

块材楼地面工程质量验收标准　　　　表3-2

项次	项目	允许偏差（:mm）											检验方法
		磨石板、陶瓷锦砖面层、陶瓷地砖面层、高级水磨石	缸砖面层	水泥花砖面层	水磨石板块面层	大理石面层和花岗石面层	塑料板面层	水泥混凝土板块面层	碎拼大理石、碎拼花岗石面层	活动地板面层	条石面层	块石面层	
1	表面平整度	2.0	4.0	3.0	3.0	1.0	2.0	4.0	3.0	2.0	10.0	10.0	用2m靠尺和楔形塞尺检查
2	缝格平直	3.0	3.0	3.0	3.0	2.0	3.0	3.0	—	2.5	8.0	8.0	拉5m线和用钢直尺检查

项次	项目	允许偏差（：mm）											检验方法
		陶瓷锦砖面层、陶瓷地砖面层、高级水磨石面层	缸砖面层	水泥花砖面层	水磨石板块面层	大理石面层和花岗石面层	塑料板面层	水泥混凝土板块面层	碎拼大理石、碎拼花岗石面层	活动地板面层	条石面层	块石面层	
3	接缝高低差	0.5	1.5	0.5	1	0.5	0.5	1.5		0.4	2.0	—	用钢直尺和楔形塞尺检查
4	踢脚线上口平直	3.0	4.0	—	4.0	1.0	2.0	4.0	1.0	—	—	—	拉5m线和用钢直尺检查
5	板块间隙宽度	2.0	2.0	2.0	2.0	1.0	—	6.0		0.3	5.0	—	钢直尺检查

5.3 木质楼地面施工工艺施工质量标准及检验

5.3.1 木质楼地面施工质量标准

（1）木质楼地面用材质合格率必须符合设计要求。木搁栅、垫木等必须做防腐、防蛀处理。

（2）面层铺设应牢固；粘结无空鼓。

5.3.2 木质楼地面工程允许偏差及检查方法见表3-3。

木质楼地面工程质量验收标准 　　　　　　　　　表3-3

项次	项目	允许偏差				检验方法
		实木地板面层			实木复合地板、中密度（强化）复合地板面层、竹地板面层	
		松木地板	硬木地板	拼花地板		
1	板面缝隙宽度	1.0	0.5	0.2	0.5	用钢直尺检查
2	表面平整度	3.0	2.0	2.0	2.0	用2m靠尺和楔形塞尺检查
3	踢脚线上口平齐	3.0	3.0	3.0	3.0	拉5m通线，不足5m拉通线和用钢直尺检查
4	板面拼缝平直	3.0	3.0	3.0	3.0	
5	相邻板材高差	0.5	0.5	0.5	0.5	用钢直尺和楔形塞尺检查
6	踢脚线与面层的接缝	1.0				楔形塞尺检查

复 习 思 考 题

1. 楼地面的组成有哪几部分？
2. 简述基土、垫层的技术要求。
3. 简述陶瓷锦砖地面的施工工艺。
4. 简述大理石地面的施工工艺。
5. 简述水泥砂浆地面的施工工艺。
6. 简述水磨石地面的施工工艺。
7. 水磨石地面分格条如何固定？
8. 简述水磨石地面粗磨、细磨、精磨的时机及要求。
9. 简述踢脚线的施工工艺。

单元4 块料饰面工程施工

【知识点】 了解装饰材料的品种、规格，能正确地选择装饰材料，掌握装饰施工工艺及方法，制定施工方案，熟练地识读施工图。熟悉施工质量标准、安全要求、质量检验方法。

建筑物主体结构完成后，利用具有装饰、耐久、适合墙体饰面要求的某些天然或人造材料进行内外墙饰面装饰，能很好地保护结构，美化环境，改善使用功能，因而饰面工程是建筑装饰的一项重要内容。天然或人造饰面材料，一般是根据材质和饰面要求在工厂加工成大小不等、厚薄不一、形状各异、相互配套的板、块，在施工现场通过构造连接拼装或镶贴于墙面而形成装饰面。常用的饰面材料有天然石材、人造石材、陶瓷、玻璃、木材、塑料、金属等。按施工方法不同可分为饰面板安装、饰面砖镶贴等。

课题1 块料饰面材料基本知识

1.1 建筑装饰石材

1.1.1 大理石、花岗石材料性能及质量要求

（1）大理石饰面板

1）品种规格及主要性能

A. 大理石是由石灰岩变质而成。其饰面板是由荒料经锯切、研磨、抛光及切割而成，其品种常以其成材的花纹、颜色及产地命名。规格有定型和不定型两种。定型板有正方形和矩形，厚度均为 20mm，长为 300～1220mm 左右，宽为 150～915mm 左右。

B. 天然大理石的抗折强度、抗压强度、吸水率等指标都有部标规定。常见品种中抗压强度最低为 61MPa 左右（雪浪），最高为 179MPa 左右（云南灰）。抗折强度最低为 7.6MPa 左右（螺丝转），最高为 30.5MPa（丹东绿）。

2）适用范围和质量要求

A. 大理石饰面板一般只适用于室内干燥环境中的墙地面装饰，如必须要用于室外时，应选坚实致密，吸水率较小（一般不大于 0.75%）的石材，并在其表面涂刷有机硅等罩面材料加以保护。

B. 大理石质量要求：有板平度允许偏差：当长度在 40～80cm 时，一级品允许偏差 0.6mm，二级品允许 0.8mm；还有平板尺寸允许公差、光泽度指标等。对其外观质量，规范规定：应表面平整、边缘整齐，棱角不得损坏，并应具有产品合格证。表面还不得有隐伤、风化等缺陷。

C. 国际市场上新型规格：由于通用厚度 20mm 的板材施工复杂，现国际市场上畅销

10mm 以下厚度薄板。这种板一面抛光、四边倒角，背面等距离开三条槽，以增加粘结力。常用规格有 10cm × 20cm × 0.7cm，15cm × 30cm × 0.7cm，30cm × 30cm × 1cm 等。

（2）花岗石饰面板

1）品种规格及主要性能

A. 花岗石是各类火成岩的统称。按其结晶颗粒大小可分为"伟晶"、"粗晶"、和"细晶"三种。一般采用晶粒较粗、结构较均匀的花岗岩原材进行加工。根据加工方法的不同可分为四种板材：剁斧板材——表面粗糙、具有规则的条状斧纹；机刨板材——表面平整，具有平行刨纹；粗磨板材——表面平滑无光；和磨光板材——表面平滑、色泽光亮如镜、晶粒显露。其定型的规格也有正方形和矩形两种，厚度均为 20mm，长为 300 ~ 1070mm 左右，宽为 300 ~ 750mm 左右。

B. 花岗岩具有良好的抗风化性、耐磨性、耐酸碱性和抗冻性（100 ~ 200 次冻融循环），耐用年限达 75 ~ 200 年。其抗压强度最小为 103.6MPa 左右（大黑白点），最大为 214MPa 左右（黑云母），其抗折强度最小为 8.9MPa 左右，最大为 23.3MPa 左右（峰日石）。

2）适用范围和质量要求

A. 适用于重要建筑物、高级民用建筑的墙地面装饰，以及门头、台阶和一些纪念性建筑。

B. 质量要求与大理石板材大致相同。

1.1.2 常用机具

有手提式电动石材切割机，台式切割机，风动冲击锤，电动磨石子机等。

1.2 建筑饰面陶瓷制品

1.2.1 陶瓷类贴面材料的种类及特点

在我国陶瓷贴面自古以来就是一种高级的建筑装饰材料，其种类繁多，这里主要介绍外墙贴面砖、釉面砖、陶瓷锦砖和陶瓷壁画等常用陶瓷材料的粘贴施工工艺及材料的特性。

（1）釉面砖 是一种表面上釉的精陶薄片面砖。由于其吸水率较高，在室外自然环境下极易损坏，故一般只用于室内装饰。

（2）外墙面砖 按外墙面砖质地可分为陶底及瓷底两种，按其表面处理可分为有釉和无釉两种。常用的有以下几个品种：

1）表面无釉外墙面砖（墙面砖）：常用的有白、浅黄、红、绿等色彩的。

2）表面有釉墙面砖（彩釉砖）：常用的有粉红、蓝、绿、金黄、黄、白等颜色的。

3）线砖：表面有突起纹线。又名"泰山砖"。

4）外墙立体贴面砖（立体彩釉砖）：表面上釉，并作成各种立体图案。

5）劈离砖：是一种以重黏土为主要原料的高强度面砖，耐磨、耐腐蚀，且色调古朴高雅。

6）变色釉面砖：该砖面釉料中加入了对不同波长的光线具有不同吸收作用的原料，使其在不同光源下形成不同色彩的效果。

另外，目前国内外流行的"变尺度"面砖，如大规格外墙面砖和加长釉面砖，能给人以新颖的感觉。

（3）陶瓷锦砖

是以优质瓷土烧制而成的片状小块瓷砖。由于成品按各种图案贴在纸上，又称纸皮石。其断面分凸面和平面两种，前者用于墙面，后者一般用于地面。其品种也有挂釉和不挂釉两种。具有质地坚硬、耐酸碱、耐火、不渗水、在±20℃下无开裂特点。

（4）陶瓷壁画

是以陶瓷锦砖、面砖或陶板等为基料，将设计画稿经放大、制板、刻画、配、施釉和烧成等工艺，使绘画艺术与施釉技法相结合，形成一种独特的装饰材料。可用于内、外墙及地面的装饰。

1.2.2 常用机具

（1）手工工具

除一般抹灰常用的手工工具外，根据饰面的不同，还需要一些专用工具。如镶贴面砖时拨缝用的开刀，贴陶瓷锦砖用的木垫板，以及木锤、橡皮锤、胡桃钳、钢錾和切砖刀等。

（2）机具

贴面装饰中常用的有切割面砖的手动切割机和电热切割器，饰面砖打眼用的打眼机和钻孔用的手电钻等。

1.3 其他块料饰面材料简介

材料的种类及特点

（1）瓷板

瓷板是多晶材料，由无数微米级的石英和莫来石晶粒构成网架结构。这些微观结构使得瓷板具有吸水率低、抗弯强度高、密度大、硬度高、耐腐蚀性强、耐热耐冷性能好，抗冻性能好等特点，某些力学性能、色泽、图案变化优于花岗石、大理石，是一种新型的装饰材料。

（2）金属板

金属板可分为单一材料板和复合材料板两种。单一材料板为一种质地的材料，如钢板、铝板、铜板、不锈钢板等；复合材料板是由两种或两种以上质地的材料组成，如铝合金、烤漆板、镀锌板、色塑料膜板、金属夹心板等。金属装饰板有光面平板、纹面平板、波纹板、压型板、立体盒板等。常用的金属装饰板有：铝合金装饰板、镜面不锈钢装饰板、复合铝板、涂色钢板等。

金属装饰板美观、易于满足造型要求，具有良好的装饰效果，且具有耐磨、耐用、耐腐蚀及能满足防火要求等优点。

（3）木饰面板

木质饰面板中，常用的有薄实木板和人工合成木制品。用于装饰室内墙、柱面的木质饰面材料，因有木材的天然纹理及质感而具有很好的装饰效果。

（4）塑料饰面板

塑料饰面板一般为硬质PVC塑料护墙板。硬质PVC塑料应具有质量轻、强度大、耐冲击、耐火、耐腐蚀、耐磨、保温、隔声、电绝缘性好等特点。硬质PVC塑料护墙板应无毒、无味、花色品种繁多，不易褪色，施工简便易行。

课题2 块料饰面工程施工

2.1 饰面砖镶贴

2.1.1 施工准备

（1）材料准备

对各种贴面砖都应按设计要求或设计图案进行挑选。对釉面砖和外墙面砖应挑选规格一致、形状方正、不缺损、不脱釉、颜色一致的砖块。并按1mm差距分类选出三个规格，分类堆放待用。对陶瓷锦砖则在挑选后，作统一编号。对陶瓷壁画中的面砖应逐排逐列地编号，并标出上下指示，以免贴倒。应强调挑选检查应该是全数，而不是抽样。

（2）作业条件准备

1）施工单位应在取得建设单位、监理单位对主体结构"同意隐蔽"方面的书面认可后，方可进行施工。

2）施工层的上层楼面或屋面已完工，且不渗不漏；室内的墙、顶抹灰已完工；室外的雨水管安装不应与施工发生矛盾。

3）水电管线应安装完毕并验收合格；厕浴间的肥皂洞、手纸洞应已预留，便盆、浴盆、镜箱及脸盆架已放好位置线或已安装就位。

4）门窗框及其他木制、钢制或铝合金的预埋件已预埋牢固、验收合格，各种孔洞缝隙已用水泥砂浆等嵌固完毕。

5）室内墙面已弹好标准水平线；室外水平线应能绕整个外墙饰面交圈。

2.1.2 找平层施工

（1）基层处理

1）砖墙基体：将基体清洁湿润后，用1:3水泥砂浆打底，木抹子搓平，隔天浇水养护。

2）混凝土基体：先用火碱水或洗涤剂，配以钢丝刷清洗，并凿平补齐；对光滑表面还须凿毛后用水湿润，一般每平方米凿点数不少于200，然后刷一道聚合物水泥浆或界面处理剂。也可用1:1水泥细砂浆（内掺20%108胶）喷到基面上，作毛化处理。最后用1:3水泥砂浆打底。

3）加气混凝土基体：先用水湿润，刷一道108胶水泥浆，然后用1:3:9混合砂浆分层补平缺损处，隔天刷108胶水泥浆并抹1:1:6混合砂浆打底，木抹子搓平。或打底前改用满钉一层孔径32mm×32mm以上的机制镀锌铁丝网（丝径0.7mm），用φ6扒钉，钉距纵横不大于600mm，然后抹1:1:4水泥混合砂浆粘结层。

4）对不同材料结合部，如框架梁柱与填充砖墙的平整结合处，应用钢板网压盖接缝，射钉钉牢，再用108胶水泥砂浆满涂。

（2）找平层施工

1）找平层抹灰砂浆做法与装饰抹灰的底、中层做法相同。底层灰应分层抹，每层厚度不大于7mm。中层为精找平，一层抹灰厚度不大于5mm。

2）对外墙面应用经纬仪和线锤，从顶到底一次测好垂直吊线。对外柱到顶的外墙，每个柱边角必须吊线，并做双灰饼。

3）找平层抹好后应及时浇水养护。

4）在檐口、窗台、雨篷等处，抹灰时应留出流水坡和滴水线。

2.1.3 贴面砖预排

（1）预排原则

1）同一墙面只能有一行（或列）非整砖，且非整砖应排在次要部位或阴角处。

2）对内墙面，接缝宽度一般应在 1～1.5mm 间调整。在管线、灯具、卫生设备支承部位应用整砖套割吻合，不应用非整砖拼凑。

3）对外墙面，外墙面砖应沿着水平线，按"平上不平下"原则镶贴。

4）当按第一条原则产生的非整砖宽度小于 1/2 整砖宽度时，易采用增加一行（或列）非整砖、使它们宽度相等且都大于 1/2 整砖宽，以改善"窄条"对美观的影响。

5）对外墙面，一般应使水平缝与门窗旋脸、窗台、腰线齐平。

（2）预排方法和排列形式

1）排列方法有：无缝镶贴、划块留缝镶贴和单块留缝镶贴等。质量好的砖可适应各种方法。外形尺寸偏差大的面砖不能大面积无缝镶贴，否则会造成缝口参差不齐，水平排列交不了圈。对此可采用单块留缝镶贴法，即利用砖缝的大小，来调节砖的尺寸大小，以解决缝口不齐。当面砖外形尺寸出入不大时，可采用划块留缝镶贴法，即在划块留缝内调节砖缝，操作时按每排实际尺寸排块，把误差留在分块中。

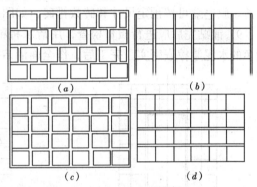

图 4-1　外墙面砖缝示意图
（a）错缝；（b）通缝；（c）竖通缝；（d）横通缝

2）排列形式分通缝和错缝排列两种，也可分为密缝和疏缝排列，疏缝宽 3～20mm，如图 4-1 所示。

2.1.4 釉面砖镶贴

（1）传统方法墙面镶贴要点

1）在干净的找平层上，依照室内标准水平线，找出地面标高，算出纵横两向面砖的皮数，弹出每排砖的水平线和垂直线。如有阴阳三角镶边时，则应预先留出镶边位置。竖向的非整砖宜留在与地面相接的最下皮。

2）室内如有吊顶时，应先弹出顶棚边线。再进行竖向预排计算，当上口面砖伸入吊顶边线 1/4～1/3 以下时，看看能否从上往下按整砖尺寸（考虑砖缝）排齐，一般从地面水平线开始镶贴第一排水平向砖。

3）镶贴釉面砖前，应先贴若干块废釉面砖作为标志块，上下用托线板挂直，作为粘贴厚度的依据。一般横向每隔 1.5m 左右做一个标志块，并用拉线或靠尺校正平整度。在门洞口或阳角处，要考虑阴阳三角的尺寸。如无阴阳三角，应双面挂直，如图 4-2 所示。

4）在墙的地面水平线处安置一八字靠尺，且用水平尺校水平后作为最下行釉面砖铺

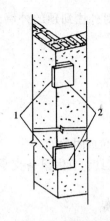

图 4-2 双面挂直
1—小面挂直靠平；
2—大面挂直靠平

贴依据。铺贴时，让釉面砖下口坐在八字靠尺上，既可防止其下滑，又可保证横平竖直。如墙地面交界处要设置阴三角，也应预留位置。

5) 铺贴前，面砖应充分浸水，以免其吸收灰浆中的水分。一般浸水不少于 2 小时，取出阴干 4~6h，视气温和湿度而定。

6) 传统方法也叫软贴法，因其所用粘贴砂浆为 1:2 水泥砂浆或掺入不大于水泥用量 15% 的石灰膏。这两种砂浆较软，当砂浆厚度较大时，砖有时会下坐。铺贴时，在面砖背面要刮满刀灰，厚度 5~6mm，最大不超过 8mm。对贴在墙上的面砖要用力压实，且用铲刀木柄或橡皮锤轻敲，同时用靠尺校正其平直。当一行贴完后，用长靠尺校正。对高于标志块的应轻敲压下，使其平齐。若低于标志块，应取下重抹满刀灰铺贴，重复以上过程，直至平齐。

7) 铺贴从阳角处开始，由下往上地进行。

8) 在有脸盆、镜箱的墙面、应按脸盆下水管部位分中，向两边排砖。肥皂盒可按预定尺寸和砖数排砖，如图 4-3 所示。

9) 铺贴完后应进行质量检查，用清水将釉面砖表面擦洗干净，然后用与釉面砖相同颜色的水泥浆擦嵌密实。完工后，作全面清洁擦洗工作。

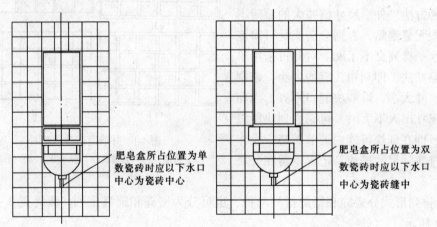

肥皂盒所占位置为单数瓷砖时应以下水口中心为瓷砖中心

肥皂盒所占位置为双数瓷砖时应以下水口中心为瓷砖缝中

图 4-3 洗脸盆、镜箱和部分釉面砖排砖示意图

(2) 聚合物水泥（砂）浆镶贴要点

聚合物水泥（砂）浆镶贴法也称硬贴法，其要点基本同传统方法，不同处有以下几点：

1) 粘贴砂浆为聚合物水泥砂浆或聚合物水泥浆，前者在 1:2 水泥砂浆中掺 2%~3% 水泥重量的 108 胶（稠度为 6~8cm），后者为水泥:108 胶:水 = 100:5:26。

2) 用 108 胶的好处是：108 胶会阻隔水膜，砂浆不易流淌，减少了清洁墙面工作，还能延长砂浆的使用时间。再者还可减少粘贴砂浆层的厚度，一般为 2~3mm，最大至 5mm。

3) 108 胶的掺量不可盲目增大，否则会降低粘结强度，一般以水泥重量的 3% 为宜。

2.1.5 外墙面砖镶贴

(1) 传统方法镶贴要点

1）7mm 左右厚 1:3 水泥砂浆打底划毛，养护 1～2d 后可以镶贴。

2）选砖、预排均同前所述，但对外墙还应注意：窗间墙应尽可能排整砖，或采用室内处理镜箱处排砖方法；两相邻又正交的的墙面在确定排砖模数时，要考虑邻墙找平层厚度。

3）弹线、做分格条

A. 在外墙阳角处用大于 5kg 的线锤吊垂线，并用经伟仪校核，用花篮螺栓将吊正的钢丝绷紧作为找准基线。

B. 以阳角的基线为准，每隔 1.5～2m 作标志块，定出阳角方正，抹上隔夜"铁板糙"。

C. 在精抹面层上，先弹出顶面水平线，再按水平方向的面砖数，每隔一米左右弹一垂线。

D. 在层高范围内，按预排砖数，弹出水平分缝及分层皮数线。

E. 按预排计算的接缝宽度，做出分格条。

4）面砖浸泡、阴干要求同前所述。

5）外墙面砖粘贴顺序：应自上而下分层、分段进行。每段内也应自上而下粘贴，先贴突出墙面的附墙柱、腰线等，并注意突出部分的流水坡度。

6）粘贴方法

用稠度适中的 1:2 水泥砂浆或水泥石灰砂浆（石灰膏掺量应小于等于水泥重量的 15%）抹在面砖背面，厚度约 6～10mm。自阳角起逐块按所弹水平线粘贴在找平层上。镶贴时，用小铲木把轻击，并用靠尺、方尺随时找平找方。贴完一皮后，须将砖面上的挤出灰浆刮净，并将分格条（嵌缝条）靠在第一行下口，作为第二行面砖镶贴基准，同时还可防止上行面砖下滑。分格条一般隔夜取出，洗净待用。

7）门窗碳脸、窗台及腰线贴砖面时，先在找平层上洒水抹 2～3mm 厚的水泥浆（也可加 107 胶水），抹平后，薄洒一层干水泥，待水泥被浸润后即可粘贴面砖。

8）勾缝、擦洗

密缝不必勾缝，仅用色浆擦缝即可。疏缝可用 1:1 水泥细砂浆勾缝，分两次嵌入，第二次一般用色浆。勾缝后即用纱头擦净砖面。

（2）采用粉状面砖胶粘剂镶贴要点

1）基层处理、弹线分格和勾缝擦洗同"传统方法"。

2）拌合胶粘剂。以粉胶状粘剂:水 = 1:2.5～1:3.1（体积比）调制，稠度 2～3cm，放置 10～15min，再充分搅拌均匀，每次拌合量不宜过多，一般以使用 2～3h 为宜。已硬结的不可使用。

3）将嵌缝条贴在水平线上，把胶粘剂均匀地抹在底灰上（以一次抹 1m² 为宜，平均厚 1.5～2mm），同时在面砖背面刮同样厚的胶粘剂，然后将面砖靠嵌缝条粘贴，轻轻揉挤后找平找直。再在已贴好的面砖上口再粘嵌缝条，如此由下而上逐皮粘贴。

4）水平缝宽度用嵌缝条控制，每贴一皮均要粘贴一次嵌缝条。嵌缝条宜在当天取出，洗净后待用。

5）当面砖贴完后，可有钢片开刀轿正并调整缝隙。

2.1.6 陶瓷锦砖镶贴

传统方法镶贴要点

1）排砖

依照设计图纸要求，对横竖装饰线、门窗洞等凹凸部分，以及墙角、墙垛、雨缝面等细部应进行全面安排，按整张锦砖排出分格线。分格横缝要与窗台、门窗旋脸等相齐，并要校正水平，竖缝要在阳台、门窗口等阳角处以整张排列。这就要根据建筑施工图及结构的实际尺寸，精确计算排砖模数，并绘制排砖大样图。

2）弹线与镶贴

弹线前，应抹好底灰，其做法同抹灰工程中的水泥砂浆做法。底灰应平整并划毛，阴阳角要垂直方正。然后根据排砖大样图在底灰上从上到下弹出若干水平线，在阴阳角及窗口边上弹出垂直线，在窗间墙，砖垛处弹出中心线、水平线和垂直线。

镶贴时，对着水平线稳住水平尺板，然后在已湿润的底灰上刷素水泥浆一道，再抹2~3mm厚1:0.3水泥纸筋灰或1:1水泥砂浆，作为粘结层，并用靠尺刮平。同时将锦砖铺放在可放四张锦砖纸的木垫板上，底面朝上，向缝里撒满1:2干水泥砂，并用软毛刷子刷净表面浮砂，再薄涂一层1:0.3水泥纸筋灰粘结浆。然后逐张拿起，清理四边余灰，按齐在水平尺板上口，由下往上粘贴。或者直接将水泥砂浆作为粘结浆抹在纸版上，用抹子初步抹平至2~3mm厚，随粘随贴。贴完一组后，将分格条（嵌缝条）放在上口继续第二组。

3）粘贴后的锦砖，用拍板紧靠其上，然后用小锤敲击拍板，促使其粘结牢固。再用软毛刷浸水在锦砖护纸上刷水湿润。

4）揭纸：湿润后约半小时即可揭纸。揭纸时应按顺序用力往下揭，切忌向外猛揭。揭纸后检查锦砖粘贴平直情况，用开刀拨正调直，并再用小锤敲击拍板一遍。

5）擦缝

粘贴后约二天，起分格条并擦缝。擦缝时用橡皮刮板，把与镶贴时同品种水泥砂浆在锦砖面上满刮一道，使缝隙饱满。擦缝后应及时清洗墙面。

2.1.7 玻璃锦砖的贴面施工

由于玻璃锦砖和陶瓷砖在使用用途上和施工工艺上都基本相同。因此，这里我们只需给出它们的几点区别：

（1）在材料的规格尺寸和形状方面

1）陶瓷锦砖的规格尺寸详见表4-1。

2）玻璃锦砖规格尺寸详见表4-2。

陶瓷锦砖的规格 表4-1

陶瓷锦砖的形状名称		规格（mm）	厚度（mm）
正方形	大　方	39	5.0
	中大方	23.6	5.0
	中　方	18.5	5.0
	小　方	15.2	4.5
长方形		39.0×18.5	5.0
长边形		25	5.0

玻璃锦砖规格尺寸（mm）　　　　表 4-2

规　格	尺　寸			尺　寸			尺　寸		
	长	宽	厚	长	宽	厚	长	宽	厚
单　粒	20	20	3.0	20	20	4.0	30	30	4.0
	20	20	3.5	25	25	4.0	40	40	4.0
每　联	305	305		314	314		325	325	
	327	327		327	327		328	328	

3）陶瓷锦砖的基本形状有正方、长方、对角、六角、斜长条、半八角和长对角等。而玻璃锦砖常见的只有正方形一种。两者的表面和断面特征各不相同。前者表面光滑，四边齐直，而后者背面略呈凹形，且有条棱，四周呈楔形斜面。

（2）在施工工艺方面

1）镶贴时的粘结层砂浆厚度不一，一般陶瓷锦砖的粘结层可小些，约 2～3mm；玻璃锦砖稍厚些，约 3～4mm；这是两者断面形状尺寸的差异所决定的。

2）对中层抹灰的要求不同，陶瓷锦砖镶贴时可用软底铺贴，而玻璃锦砖要拍板赶缝，对中层的施工强度要求较高，故一般不同软底。

2.2　饰面板的安装

2.2.1　施工准备

（1）作好施工大样图和排板图

饰面板安装前应根据建筑设计要求，核实饰面板安装部位的结构实际尺寸及偏差情况，再根据纠正偏差所增减的尺寸，绘出修正图或修改排板图，并做好以下几点工作：

1）测量柱的实际高度和柱子中心线，柱与柱的中心距，柱子上、中、下三部拉水平通线后的实际结构尺寸，再确定出柱饰面板的看面边线，并依此算出饰面板分块尺寸。

2）对外形较复杂的墙面（如多边形、半圆形墙面），特别是要用异形饰面板镶嵌的部位，尚须用黑铁皮或三夹板进行实际放样，以确定其实际的规格尺寸。最后绘出分块大样图和节点大样图，排图时应考虑饰面板间的拼缝宽度，详见表 4-3。

饰面板拼缝宽度表　　　　表 4-3

序　号	饰面板类别		接缝宽度（mm）
1	天然石材	光面、镜面	1
2		粗磨面、麻面、条纹面	5
3		天然石	10
4	人造石材	水磨石、人造石	2
5		水刷石面	10
6		大理石、花岗石	1

（2）选板与预拼

1）选板主要是按排板图中的编号检查所需板的几何尺寸，并按误差大小归类。选板应逐一进行，把损坏的、变色的挑出。

2）预拼主要从板材的天然纹理和色差两方面去考虑，对有明显纹理的板材，预拼则是一种艺术创意。对色差较大的板材，视两种情况而定：若深浅各占一半左右，则可按国际象棋棋盘式排列或分两部分墙体布置；若深浅所占比例相差较大，则小部分可排到次要部位或布置在小块墙体。

（3）基体处理和测量放线：基本同"贴面砖施工工艺"中"外墙面砖"部分。

2.2.2 饰面板安装的一般要求

（1）如采用传统的湿作业安装天然石材，由于水泥砂浆在水化时析出大量的氢氧化钙，会在石材的两表面产生不规则的花斑，俗称返碱现象。为此要对石材进行防碱背涂处理。

（2）饰面板安装时应在找正吊直后，采取临时固定措施，以免灌注砂浆时板位移动。为保证板面平整及上口顺平，接缝宽度可用垫木楔的方法来调整。

（3）灌砂浆前，应浇水将饰面板背面和基体表面湿润，再分层灌注砂浆。每层灌注高度为 150～200mm，且不大于 1/3 的板高，并插捣密实。操作时应随时检查板面的平整和位置，若无移动方可继续上层砂浆的灌注。施工缝应留在饰面板的水平接缝下 50～100mm 处。

（4）天然石饰面板的接缝按不同情况分别处理

1）室内安装光面或镜面的饰面板，接缝应干接，室外安装这类板材时可干接，也可在水平缝中垫硬塑料板条。塑料板条应在水泥砂浆硬化后才能取出，并及时用水泥砂浆勾缝。干接的缝应用与面板同色的水泥浆填平。

2）粗磨面、麻面、条纹面的天然石饰面板的接缝和勾缝均用水泥砂浆。

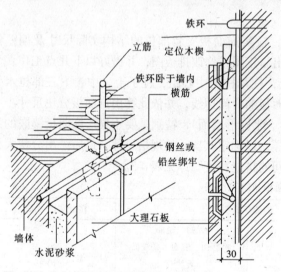

图 4-4 大理石传统安装方法

（5）人造石饰面板的接缝要用与面板同色的水泥（砂）浆抹勾严实。

（6）厚度在 10～12mm 以下的镜面大理石板和花岗石薄板宜用干挂法或粘贴法。

（7）夏季施工时，在室外的饰面板应防止暴晒，冬季施工时，应在整个施工过程和养护过程中防冻，砂浆的温度不能低于 50℃。

2.2.3 大理石饰面板安装

（1）传统安装方法（适用于大规格板）

1）按设计要求在基层结构内预埋铁环，安装装饰面板前，将预埋铁环或预埋钢筋剔出墙面，然后焊接或绑扎 $\phi6\sim\phi8$mm 竖向钢筋，其间距按饰面板宽度设置。再连接（绑或焊）$\phi6$ 横向钢筋，其间距按饰面板竖向尺寸设置。均应参照墙面弹线。如基体未有预埋件，也可用电锤钻孔，用 M16 胀杆螺栓固定连接铁件，然后再绑扎或焊接竖横钢筋，如图 4-4、4-5 所示。

2）对预拼排号后的板材，按顺序进行钻孔打眼。打孔眼的形式有几种：直孔、斜孔、牛鼻子孔和三角形锯口等。打孔前先将板材固定在木架上，直孔用手电钻打，板材上下两侧各打二孔，每孔位距两端各 1/4 边长处，孔径为 3mm，深 15～20mm。如板宽 > 600mm，中间再增钻一孔。如打牛鼻子孔，应在板背的直孔位置，距板边1~2cm左右打一横孔，使直孔与横孔连通。打斜孔时，孔眼轴线与板大面成35°左右，利用调整木架木楔，使钻头与板材成此角度。板孔钻好后，把铜丝或不锈钢丝穿入孔内，直孔再用铅皮和环氧树脂紧固，如图4-6所示。

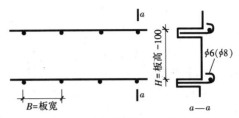

图4-5 大理石安装预埋钢筋做法示意图

3）对墙柱面安装饰面板时，应先确定下面第一层板的安装位置。其方法是用线锤从上至下吊线，考虑板厚，灌浆厚度或钢筋网所占厚度，以确定两头饰面板间的总长度和饰面板的位置。然后将此位置线投影到地面，在墙下边做出第一层板的安装基准线。并在墙上弹出第一层板的标高。

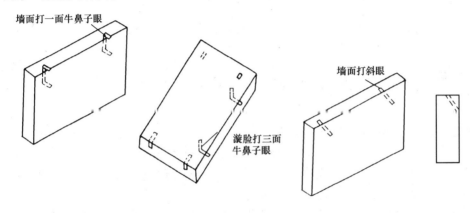

图4-6 饰面板材打眼示意图

根据编号，将面板对号安装。具体做法是：石板就位后，上口略向后仰，把石板下的铜丝扭扎于横筋上，然后扶正石板，将上口铜丝扎紧，并用木楔塞紧垫稳，用靠尺和水平尺检查平整度和上口平度。上口可用木楔调整，下沿可用铁皮调整。完成后各板依次进行。

4）板材自下而上安装时，为防止灌浆时板材的游走，必须采取临时固定措施。外墙面可用脚手架的脚手杆为支撑，用斜木枋撑牢固定板面的横木访。内墙是用纸或熟石膏外贴于板缝处。柱面可用方木或角钢环箍。

5）板材经校正垂直、平整后，在临时固定措施完成后即可灌浆。一般采用1:3水泥砂浆，稠度为8~15cm，宜分层灌入。第一层灌完后1~2h，在确认无移动后第二层灌浆，高度100mm左右。第三层灌至板上口下50~100mm处，留空作为上层板材灌浆的接头。

6）一层板材的灌浆凝固后，可清理上口余浆，隔日再拔除上口木楔和有碍上层安装的石膏饼。再进行第二层板材的对号安装。

7）全部板材安装完后，清理表面，并用与板材同色的水泥砂浆嵌缝，边嵌边擦，使缝隙嵌浆密实平整。考虑到板材虽在出厂时已作抛光处理，但施工中局部污染会影响整体效果，故还应用高速旋转帆布擦磨，重新抛光上蜡。

（2）传统安装法改进工艺（楔固法）

1）基体处理：先对清理干净的基体用水湿润，并抹1:1水泥砂浆。同时清洗板材背面。

2）板材钻孔：将板材直立固定于木架上，在板的上侧边中心线上钻两孔，每孔位于两端 1/4 连长处，孔径 6mm，孔深 25～40mm。若板宽大于 500m，则增钻一孔；若大于 800m，则增钻二孔。其后将板旋转 90°固定在木架上，在板的左右两侧各打一孔，孔位距板下端 100mm 处，孔径和孔深不变。上下孔均用钢錾剔槽，槽深 7mm，以便安卧 U 形钉，如图 4-7 所示。

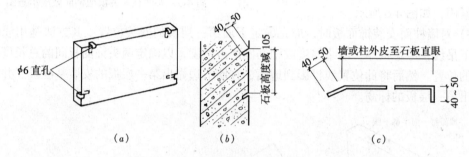

图 4-7　打直孔和斜孔及 U 形钉
（a）打直孔示意图；（b）基体钻斜孔；（c）U 形钉

3）基体钻孔：用冲击钻按基体上分块弹线位置，并对应于板材上下直孔位置打 45°斜孔，孔径 6mm，孔深 40～45mm。

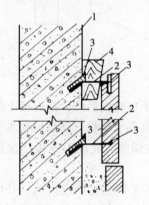

图 4-8　石板就位、固定示意图
1—基体；2—U 形钉；
3—硬木小楔；4—大头木楔

4）板材安装。将板材按编号安放就位，依板与基层间的孔距，用加工好的 φ5 不锈钢 U 形钉的一端钩进板的直孔内，另一端插入基体斜孔内，并随即用硬木小楔卡紧。用水平尺和靠尺板校正板的平整度和垂直度，并检查各拼缝是否紧密，最后敲紧小木楔，用大木楔紧固于板材与基体之间，以紧固 U 形钉，作临时固定。然后分层灌浆，清理表面擦缝等，如图 4-8 所示。

（3）粘贴法（适用薄板）

1）基层处理：清洗基层表面油污等并湿润，对光滑表面尚须作凿毛处理，并校核平整度和垂直度。

2）抹灰、弹线：用 1:2.5 水泥砂浆分两次打底，找规矩，底灰厚约 10mm，按中级抹灰检查和验收。待底灰七、八成干后，用线锤在墙柱面和门窗边吊垂线，并确定饰面板距基层的距离（一般取 30～40mm）。再根据垂线在地面上顺墙柱面弹出饰面板外轮廓线，即安装基准线。其后在墙柱面上弹出第一排标高线以及第一层板的下沿线。再根据面的实际尺寸和缝隙弹出分块线。

3）镶贴：将湿润阴干的饰面板的背面均匀地抹上 2～3mm 厚 108 胶水泥浆或环氧树脂水泥浆、AH-03 胶粘剂等，依照水平线，先镶贴底层两端的两块板，然后拉通线，按编号依次镶贴。每贴三层，用靠尺校核一遍。

2.2.4　花岗石饰面板安装

（1）磨光（镜面）花岗石饰面板的安装其传统安装方法与大理石板的相同。近年来，吸取国外先进经验，广泛采用了改进工艺，也称湿作业改进方法。

1) 传统安装方法改进工艺

其操作要点如下：

A. 板材钻孔打眼、安金属夹：在花岗石饰面板上下两侧面各钻两个孔径为 5mm，深为 18mm 的直孔，孔位距板端 1/4 边长。再在板材背面中部钻两个 135°斜孔，钻孔前，先用钢錾把孔位平面剔窝，再用台钻对板材背面打孔，打孔时应将板材固定在 135°木架上，孔深 5～8mm，要保证孔底距板材磨光面有 9mm 以上，孔径 8mm，其后把金属夹安装在孔内，用 JGN 型胶固定，并与钢筋网连接牢固，如图 4-9、图 4-10 所示。

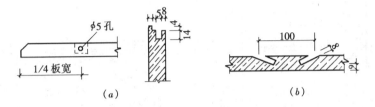

图 4-9　磨光花岗石加工示意

(a) 打孔眼；(b) 加工

D. 安装板材：按预拼位置将石材就位，安装方法同大理石板。然后用石膏固定，经确认无移位后，可浇灌细石混凝土。浇灌宜徐徐地把混凝土倒入，且不得碰动石板、石膏和木楔。均匀下料后用短钢筋轻捣直至无气泡泛出。每层板材分三次挠捣，每次间隔 1h 左右，并检查石板有无松动、移位。第三次浇灌的细石混凝土至上口下 5cm 左右。

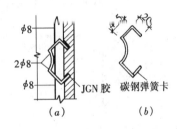

图 4-10　金属夹安装

C. 擦缝、打蜡：石板安装完后，清除所有石膏和余浆痕迹，用棉丝或抹布擦洗，并用与板材同色的水泥浆嵌缝，最后上蜡抛光。

2) 干挂工艺

此工艺是利用高强度螺栓和耐腐蚀、高强度的柔性连接件，将薄型石材面板挂在建筑物结构的外表面，在石材与结构表面间留有 40～50mm 的空腔，采暖设计时可填入保温材料。此工艺不适宜于砖墙和加气混凝土墙体。施工不受季节影响。可由上往下施工，也有利于成品保护。石材不受粘贴砂浆的析碱影响。其施工操作要点如下：

A. 施工前应根据设计意图和结构实际尺寸作出分格设计、节点设计和翻样图，并根据翻样图提出挂件及板材的加工计划。对挂件应做承载力破坏试验和抗疲劳试验。

B. 根据设计尺寸对板材钻孔，并在板材背面刷胶粘剂，贴玻璃纤维网格布增强，并给予一定的固化时间，此期间要防止受潮。

C. 根据设计的孔位用电锤在结构面上钻孔，如孔位与结构主筋相遇，则可在挂件的可调范围内移动孔位。

如采用间接干控法，板材通过钢针和连接件与水平槽钢相接，水平槽钢与竖向槽钢焊接，竖向槽钢用膨胀螺栓固定在结构上。故型钢在安装前应先刷两遍防锈漆。焊接要求三面围焊，焊缝高 h_f 取 6mm。膨胀螺栓钻孔位置要准确，深度在 65mm 左右，螺栓埋设要垂直、牢固。

D. 按大样图用经纬仪测出大角的两个面的竖向控制线，在大角上下两端固定挂线用的角钢，用钢丝挂竖向控制线。

E. 支底层石材托架，放置底层石板，调节并临时固定。

F. 对结构钻孔，插入固定螺栓，安装不锈钢固定件（直接挂法）。用嵌缝膏嵌入下层石材上部孔眼，插连接钢针，嵌上层石材下孔，并临时固定，重复上述过程，直至完成全部板材安装。如图4-11所示。

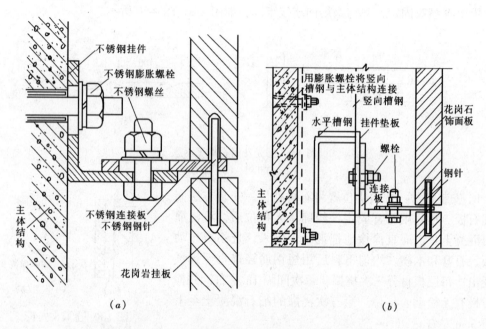

图4-11　花岗石外饰面干挂工艺构造示意图
（a）直接干挂；（b）间接干挂

3）预制复合板（GPC）工艺

预制复合板工艺是干法作业的发展，是以石材薄板为饰面板，钢筋细石混凝土为衬模，用不锈钢连接件连接，经浇筑预制成饰面复合板，用连接件与结构连成一体的施工方法。此工艺可用于钢筋混凝土或钢结构的高层和超高层建筑。其特点是安装方便、施工速度快、节省石材，但对连接件的质量要求较高。国外一般采用不锈钢，国内采用经多次涂刷JTL-4涂料后进行固化处理的钢连接件。

A. 花岗石复合板的制作工艺要点（以柱面的复合板制作为例）如下：

第一步，模板支设。按设计规格制作定型的钢塑模板或木模板。应注意要控制钢塑模板的受力变形。

第二步，花岗石薄板侧模就位。将花岗石薄板对号就位，先放底面石板。再安两侧石板，使断面呈U形。要求外模（即花岗石薄板）面层要平整，缝隙相符，并用调色水泥浆勾缝。

第三步，预制钢筋网及预埋件安装。钢筋网片按设计要求预制，待花岗石板安装就位后放入其内，并将金属夹与钢筋网连接牢固。要求钢筋网在入模后仍保持绑扎牢固，尺寸正确，并注意保护层，以免浇筑混凝土后有露筋或露绑丝现象，最后还应检查两端预埋件的位置和牢固情况。

第四步，浇筑复合板细石混凝土。为确保石板与复合层的结合牢固，浇筑前一天对石板背面进行刷洗，以替代洒水湿润。浇筑前先在石板背面匀刷素水泥浆一道，厚度以覆盖住预埋件为准。其后，铺细石混凝土，用$\phi 25$左右振捣棒振捣，直至表面泛浆、无气泡为止，并用木杠刮平。再放入槽形内模，在与外模固定以后，在侧边灌入细石混凝土并振捣密实，上部抹平。待混凝土达到一定强度后取出内模。

第五步，养护。常温下养护不得少于一周，且每天浇水四～六次。冬季应采用20℃左右的恒温养护。

第六步，脱膜。采用钢管翻模架，脱模强度应不低于10MPa，且不得使用撬棍或铁锤敲打模板，脱模后应将复合板竖立安放，防止碰损棱角。

B. 花岗石复合板安装工艺要点如下：

第一步，定位放线。在室外地面、墙面（至女儿墙顶）弹出复合板位置线及分块线，在柱中及窗口处均弹垂直线和侧边线，每层复合板位置线和标高均设标准轴线及标准点。还在楼房的四大角用钢丝花篮螺栓（M12）拉垂线，标出全楼的长、宽、高的控制线。

第二步，基层处理。主要检查预埋件的位置和清洁其表面，若有锈斑应用手提式砂轮磨除。另外对缺损用1：2水泥砂浆或C30细石混凝土修补。

第三步，焊接连接件。先在加工车间对连接件做防腐涂层处理，再按分块焊接。在安装点焊时，要用白铁皮等材料挡住周围的石材和铝合金材，以防污损。

第四步，涂刷JTL-4防腐涂层。结构内的预埋件只能在现场做JTL-4涂层固化处理。分两遍实施，第一遍涂刷自然干燥后再涂第二遍，待干燥后作固化处理。固化前，将烤箱范围内的混凝土表面及已处理过的连接件用石棉布保护，同时烤箱边缘缝隙也用石棉布堵严，然后将固化面放入烤箱，逐步升温至400℃左右约25min，再断电养护30min，继而又送电5min后断电，15min后冷却至常温，固化后用粗呢或毛毡轻擦构件面，使涂层面光亮如镜。

第五步，花岗石复合板安装。在板两端弹上中线，使板对准柱身上的中线和标高分块线，并在校正垂直及方正后拧紧连接件螺栓，为防止结构下沉引起地坪处石板受剪脱落，宜在混凝土柱、墙下增设牛腿。

第六步，嵌缝。安装复合板后，将板面擦洗干净，对2mm留缝，先嵌填聚乙烯苯板条，用XM-43胶填充，再用XM-38室温硫化型密封胶密封，再用整形工具修成月牙形，并涂光蜡一道。

（2）细琢面花岗石饰面板的安装

细琢面花岗石饰面板是指除了磨光板外的其他三种板，即剁斧板、机刨板和粗磨板。这类板材与基体的连接主要采用镀锌或不锈钢锚固件，锚固件有多种形式。常用的扁条锚件厚度有3、5、6mm，宽为25、30mm；圆形锚件用$\phi 6$和$\phi 9$；线性锚件多用$\phi 3 \sim \phi 5$不锈钢丝。

1）板材开口形式：由于锚固件形式的不同，相应的板材上的锚接开口形状也不同。如图4-12所示。

另外，板材的开口尺寸及阳角交接形式也随其厚度而不同，如图4-13所示。

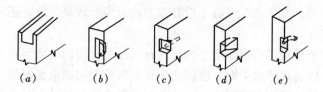

图 4-12 花岗石块材开口形状

（a）扁条形；（b）片状形；（c）销钉形；（d）角钢形；（e）金属丝开口

2）工艺要点

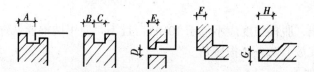

图 4-13 阳角拼接开口形式尺寸

A. 按设计要求选材、编号并做好连接孔洞，在基层上做好钢筋网，在墙柱面上放好线。

B. 安装时，先将抱角稳好，按墙面拉线顺直，确定分块尺寸和缝隙调整，然后开始安装。

C. 板材要用镀锌钢筋或经防锈处理过的钢筋与钢筋网连接，板材之间可采用扒钉或销钉连接。

D. 板材安装固定后，用 1:2.5 水泥砂浆分层灌注，方法同"传统方法"。

课题 3 块料饰面工程施工质量标准及检验方法

3.1 一 般 规 定

（1）本规定适用于饰面板安装、饰面砖粘贴等分项工程的质量验收。

（2）饰面板（砖）工程验收时应检查下列文件和记录：

1）饰面板（砖）工程的施工图、设计说明及其他设计文件。

2）材料的产品合格证书、性能检测报告、进场验收记录和复验报告。

3）后置埋件的现场拉拔检测报告。

4）外墙饰面砖样板件的粘结强度检测报告。

5）隐蔽工程验收记录。

6）施工记录。

（3）饰面板（砖）工程应对下列材料及其性能指标进行复验：

1）室内用花岗石的放射性。

2）粘贴用水泥的凝结时间、安定性和抗压强度。

3）外墙陶瓷面砖的吸水率。

4）寒冷地区外墙陶瓷面砖的抗冻性。

（4）饰面板（砖）工程应对下列隐蔽工程项目进行验收：

1）预埋件（或后置埋件）。

2）连接节点。

3）防水层。

（5）各分项工程检验批应按下列规定划分：

1）相同材料、工艺和施工条件的室内饰面板（砖）工程，每50间（大面积房间和走廊按施工面积30m²为一间）应划分为一个检验批，不足50间也应划分为一个检验批。

2）相同材料、工艺和施工条件的室外饰面板（砖）工程，每500～1000m²应划分为一个检验批，不足500m²也应划分为一个检验批。

（6）检查数量应符合下列规定：

1）室内每个检验批应至少抽查10%，并不得少于3间；不足3间时应全数检查。

2）室外每个检验批每100m²应至少抽查一处，每处不得小于10m²。

（7）外墙饰面砖粘贴前和施工过程中，均应在相同基层上做样板件，并对样板件的饰面砖粘结强度进行检验，其检验方法和结果判定应符合《建筑工程饰面砖粘结强度检验标准》JGJ110的规定。

（8）饰面板（砖）工程的抗震缝、伸缩缝、沉降缝等部位的处理应保证缝的使用功能和饰面的完整性。

3.2 饰面板安装工程

本规定适用于内墙饰面板安装工程和高度不大于24m、抗震设防烈度不大于7度的外墙饰面板安装工程的质量验收。

3.2.1 主控项目

（1）饰面板的品种、规格、颜色和性能应符合设计要求，木龙骨、木饰面板和塑料饰面板的燃烧性能等级应符合设计要求。

检验方法：观察、检查产品合格证书、进场验收记录和性能检测报告。

（2）饰面板孔、槽的数量、位置和尺寸应符合设计要求。

检验方法：检查进场验收记录和施工记录。

（3）饰面板安装工程的预埋件（或后置埋件）、连接件的数量、规格、位置、连接方法和防腐处理必须符合设计要求。后置埋件的现场拉拔强度必须符合设计要求。饰面板安装必须牢固。

检验方法：手扳检查；检查进场验收记录。现场拉拔检测报告、隐蔽工程验收记录和施工记录。

3.2.2 一般项目

（1）饰面表面应平整、洁净、色泽一致，无裂痕和缺损。石材表面应无泛碱等污染。

检验方法：观察。

（2）饰面板嵌缝应密实、平直，宽度和深度应符合设计要求，嵌填材料色泽应一致。

检验方法：观察；尺量检查。

（3）采用湿作业法施工的饰面板工程，石材应进行防碱背涂处理。饰面板与基体之间的灌注材料应饱满、密实。

检验方法：用小锤轻击检查；检查施工记录。

（4）饰面板上的孔洞应套割吻合，边缘应整齐。

检验方法：观察。

（5）饰面板安装的允许偏差和检验方法应符合表4-4的规定。

项次	项　目	允许偏差/mm							检　验　方　法
		石　材			瓷板	木材	塑料	金属	
		光面	剁斧石	蘑菇石					
1	立面垂直度	2	3	3	2	1.5	2	2	用 2m 垂直检测尺检查
2	表面平整度	2	3	—	1.5	1	3	3	用 2m 靠尺和塞尺检查
3	阴阳角方正	2	4	4	2	1.5	3	3	用直角检测尺检查
4	接缝直线度	2	4	4	2	1	1	1	拉 5m 线，不足 5m 拉通线，用钢直尺检查
5	墙裙、勒脚上口直线度	2	3	3	2	2	2	2	拉 5m，不足 5m 拉通线，用钢直尺检查
6	接缝离低差	0.5	3	—	0.5	0.5	1	1	用钢直尺和塞尺检查
7	接缝宽度	1	2	1	1	1	1	1	用钢直尺检查

3.3　饰面砖镶贴工程

本规定适用于内墙饰面砖粘贴工程和高度不大于 10mm、抗震设防烈度不大于 8 度、采用满粘法施工的外墙饰面砖镶贴工程的质量验收。

（1）主控项目

1）饰面砖的品种、规格、图案、颜色和性能应符合设计要求。

检验方法：观察；检查产品合格证书、进场验收记录、性能检测报告和复验报告。

2）饰面砖镶贴工程的找平、防水、粘结和勾缝材料及施工方法应符合设计要求及国家现行产品标准和工程技术标准的规定。

检验方法：检查产品合格证书、复验报告和隐蔽工程验收记录。

3）饰面砖粘贴必须牢固。

检验方法：检查样板件粘结强度检测报告和施工记录。

4）满粘法施工的饰面砖工程应无空鼓、裂缝。

检验方法：观察；用小锤轻击检查。

（2）一般项目

1）饰面砖表面应平整、洁净、色泽一致，无裂痕和缺损。

检验方法：观察。

2）阴阳角处搭接方式、非整砖使用部位应符合设计要求。

检验方法：观察。

3）墙面突出物周围的饰面砖应整砖套割吻合，边缘应整齐。墙裙、贴脸突出墙面的厚度应一致。

检验方法：观察；尺量检查。

4）饰面砖接缝应平直、光滑、填嵌应连续、密实、宽度和深度应符合要求。

检验方法：观察；尺量检查。

5）有排水要求的部位应做滴水线（槽）。滴水线（槽）应顺直，流水坡向应正确，坡度应符合设计要求。

6）饰面砖粘贴的允许偏差和检验方法应符合表 4-5 的规定。

检验方法：观察；用水平尺检查。

饰面砖粘贴的允许偏差和检验方法 表 4-5

项次	项　目	允许偏差/mm		检　验　方　法
		外墙面砖	内墙面砖	
1	立面垂直度	3	2	用 2m 垂直检测尺检查
2	表面平整度	4	3	用 2m 靠尺和塞尺检查
3	阴阳角方正	3	3	用直角检测尺检查
4	接缝直线度	3	2	拉 5m 线，不足 5m 接通线，用钢直尺检查
5	接缝高低差	1	0.5	用钢直尺和塞尺检查
6	接缝宽度	1	1	用钢直尺检查

复 习 思 考 题

1. 贴面装饰材料的种类有哪些？各自的适用范围是什么？
2. 简述内墙面砖的施工工艺。
3. 简述外墙面砖的施工工艺。
4. 石材饰面板有哪几种施工工艺？各自如何施工？
5. 贴面砖预排要服从哪些原则？
6. 外墙面砖镶贴与釉面砖镶贴有什么不同？
7. 大规格饰面板安装采用什么方法？饰面板与基层的连结固定应注意哪些问题？
8. 镜面板安装固定有哪几种方法？

单元 5　其他装饰工程施工

【知识点】　本章介绍一些常见的装饰工程施工，要求学生了解玻璃幕墙工程施工；熟悉裱糊工程、涂料工程、隔墙工程的施工做法；掌握吊顶的构造及施工方法。

课题 1　玻 璃 幕 墙 施 工

1.1　玻璃幕墙的构造

玻璃幕墙一般由固定玻璃的骨架、连接件、嵌缝密封材料、填衬材料和幕墙玻璃等组成。

其骨架主要采用铝合金型材及钢材；连接件多用角钢、型钢、钢板加工而成；填充材料目前用得比较多的是聚乙烯泡沫胶系列；橡胶密封条是目前应用较多的密封、固定材料；防水密封材料有橡胶密封条、建筑密封胶和硅酮结构密封胶；用于玻璃幕墙的单块玻璃一般不小于 6mm 厚，所用玻璃的品种主要有热反射浮法镀膜玻璃（镜面玻璃）、中空玻璃、钢化玻璃、夹层玻璃、夹丝玻璃和吸热玻璃等。

另外，玻璃幕墙宜采用岩棉、矿棉、玻璃棉、防火板等不燃性和耐燃性材料作隔热材料，同时，应采用铝箔或塑料薄膜包装，以保证其防水和防潮性。在幕墙施工中，每个连接点除焊接外，凡用螺丝连接的，都应加设耐热硬质有机材料垫片，以消除摩擦噪声。

玻璃幕墙按照其构造和组合形式的不同可以分为全隐框玻璃幕墙、半隐框玻璃幕墙（包括竖隐横不隐和横隐竖不隐）、明框玻璃幕墙、支点式（挂架式）玻璃幕墙和无骨架玻璃幕墙（结构玻璃）。

从施工方法上，玻璃幕墙又分为在现场安装组合的元件式（分件式）玻璃幕墙和先在工厂组装再在现场安装的单元式（板块式）玻璃幕墙。

1.1.1　元件式玻璃幕墙

元件式玻璃幕墙是将必须在工厂制作的单件材料和其他材料运至施工现场，直接在建筑结构上逐渐进行安装。这种幕墙通过竖向骨架（竖筋）与结构相连接，也可以在水平方向设置横筋，以增加横向刚度和便于安装。由于其分块尺寸可以不受建筑层高和柱网尺寸的限制，因此，在布置上比较灵活。目前，此种幕墙采用较多。施工中可以做成明框玻璃幕墙或隐框玻璃幕墙。

1.1.2　单元式玻璃幕墙

单元式玻璃幕墙是将铝合金骨架、玻璃、垫块、保温材料、减震和防水材料以及装饰面料等事先在工厂组合成带有附加铁件的幕墙单元（幕墙板或分格窗），用专用运输车运到施工现场，在现场吊装装配，直接与建筑结构（梁板或柱子）相连接。这种幕墙单元当与梁板连接时，其高度应是层高或数倍层高；与柱子连接时，其宽度应为柱距。

1.2 玻璃幕墙的安装

1.2.1 明框玻璃幕墙的安装方法

（1）测量放线。在工作层上放出 x，y 轴线，用激光经纬仪依次向上定出轴线。再根据各层轴线定出楼板预埋件的中心线，并用经纬仪垂直逐层校核，再定各层连接件的外边线，以便与主龙骨连接。

（2）装配铝合金主、次龙骨。主要是装配好竖向主龙骨紧固件之间的连接件、横向次龙骨的连接件，安装镀锌钢板、主龙骨之间接头的内套管、外套管以及防水胶等，装配好横向次龙骨与主龙骨连接的配件及密封橡胶垫等。

（3）安装主、次龙骨。常用的固定办法有两种：一种是将骨架竖杆型钢连接件与预埋铁件依弹线位置焊牢；另一种是将竖杆型钢连接件与主体结构上的膨胀螺栓锚固。

（4）安装楼层间封闭镀锌钢板（贴保温矿棉层）。将橡胶密封垫套在镀锌钢板四周，插入窗台或天棚次龙骨铝件槽中，在镀锌钢板上焊钢钉，将矿棉保温层粘在钢板上，并用铁钉、压片固定保温层。如设计有冷凝水排水管线，亦应进行管线安装。

（5）安装玻璃。幕墙玻璃的安装，由于骨架结构不同的类型，玻璃固定方法也有差异。型钢骨架，因型钢没有镶嵌玻璃的凹槽，一般要用窗框过渡。叮先将玻璃安装在铝合金窗框上，而后再将窗框与型钢骨架连接。

玻璃幕墙四周与立体结构之间的缝隙，应用防火保温材料堵塞，内外表面用密封胶连续封闭，保证接缝严密不漏水。

1.2.2 隐框玻璃幕墙的安装方法

隐框玻璃幕墙安装的工艺中，外围护结构组件的安装及其之间的密封，与明框玻璃幕墙不同，外围护结构组件的安装，在立柱和横杆安装完毕后，就开始安装外围护结构组件；外围护结构组件调整、安装固定后，开始逐层实施组件间的密封工序。

在隐框玻璃幕墙安装的工艺过程中，提高立柱、横杆的安装精度是保证隐框幕墙外表面平整、连续的基础。因此在立柱全部或基本悬挂完毕后，要再逐根进行检验和调整，再施行永久性固定的施工。外围护结构组件在安装过程中，除了要注意其个体的位置以及相邻间的相互位置外，在幕墙整幅沿高度或宽度方向尺寸较大时，还要注意安装过程中的积累误差，适时进行调整。外围护结构组件间的密封，是确保隐框幕墙密封性能的关键，同时密封胶表面处理是隐框幕墙外观质量的主要衡量标准。因此，必须正确放置衬杆位置和防止密封胶污染玻璃。

1.2.3 支点式（挂架式）幕墙的安装方法

这种幕墙只需立柱而无横杆，所有玻璃均靠挂件驳接挂于立柱上。其施工要点如下：

（1）测量放线后，按正确的幕墙边线确定预埋件位置，用膨胀螺栓将埋件固定在主体结构混凝土内（或直接预埋）。

（2）自幕墙中心向两边作立柱和边框，并保证其垂直及间距。

（3）焊装挂件，并用与玻璃同尺寸同孔的模具，校正每个挂件的位置，以确保准确无误。

（4）采用吊架自上而下地安装玻璃，并用挂件固定。

（5）用硅胶进行每块玻璃之间的缝隙密封处理。

（6）清理。

1.2.4 无骨架玻璃安装方法

由于玻璃长、大、体重，施工时一般采用机械化施工方法，即在叉车上安装电动真空吸盘，将玻璃吸附就位，操作人员站在玻璃上端两侧搭设的脚手架上，用夹紧装置将玻璃上端安装固定。每块玻璃之间用硅胶嵌缝。

1.2.5 细部和节点的处理

不论是单元式、元件式、挂件式以及无骨架式玻璃幕墙，均需要对外围护结构中的一些细部、节点进行处理，它是一项非常细致重要的工作。不同类型幕墙的节点细部处理有所不同。现仅就一些典型做法介绍如下：

（1）擦窗机导轨

为了经常保持幕墙室外侧的清洁，若不考虑通过开启窗外出或在屋顶设置吊篮等方法擦洗，则应在竖杆（立柱）外侧设置擦窗机轨道。

（2）转角部位处理

当房屋转角处相邻两墙面均为幕墙时，根据转角的角度，其节点构造有如下几种处理情况：

当转角为阳（钝）角时，如有所需角度的转角铝合金型材，则宜采用一根铝合金型材，两个方向的玻璃直接镶嵌在型材槽内；当无合适的转角铝合金型材时，可在转角处两个方向各设一根竖杆，用铝合金装饰板将其连起来。竖杆与铝饰板间的竖缝及铝饰板之间的水平缝宽度宜大于 10mm，深宜大于 20mm，并用橡胶条和密封胶进行双层密封。

当转角为 90°阴角时，可直接采用两根竖杆拼成。

（3）伸缩缝部位处理。当房屋有沉降缝、温度缝或防震缝，且该部位幕墙连续时，应在缝的两侧各设一根竖杆，用铝饰板将其连接起来，连接处应进行双层密封处理。

（4）压顶部位处理。按照建筑构造形式的不同，有以下几种做法：

挑檐处理。将幕墙顶部与挑檐板下部之间的间隙用封缝材料填实，并在挑檐口做滴水，以免雨水顺檐流下。

封檐处理。一般做法是用钢筋混凝土压檐或轻金属顶盖顶。

（5）室内顶棚处理。由于玻璃幕墙是悬挂在主体结构上的，一般与主体结构有一定的间隙，此空间可装设防火、保温材料。在使用要求上对内装修要求不高且无吊顶时，可不考虑幕墙与吊顶的处理，但在上一层楼板上应设置栏杆。

（6）窗台板的处理。窗台板可用木板或轻金属板，窗台下部宜用轻质板材。

（7）下封口处理。最下一根横杆与窗台、墙体之间的空隙不得填充，应在空隙室外侧填充密封材料。

课题 2 裱 糊 工 程 施 工

裱糊工程是指在室内平整光洁的墙面、顶棚面、柱体面和室内其他构件表面，用壁纸、墙布等材料裱糊的装饰工程。

2.1　裱糊工程施工的常用材料

2.1.1　壁纸和墙布

（1）纸面纸基壁纸

在纸面上有各种印花或压花花纹图案，价格便宜，透气性好，但因不耐水、不耐擦洗、不耐久、易破裂、不易施工，故应用较少。

（2）天然材料面壁纸

用草、树叶、草席、芦苇、木材等制成的墙纸。可给人一种返朴归真的氛围。

（3）金属壁纸

在基层上涂金属膜制成的壁纸，具有不锈钢面与黄铜面之质感与光泽，给人一种金碧辉煌、豪华贵重的感觉，适用于大厅、大堂等气氛热烈的场所。

（4）无毒 PVC 壁纸

无毒 PVC 壁纸不同于传统塑料壁纸，不但无毒且款式新颖，图案美观，是目前使用最多的壁纸。

（5）装饰墙布

用丝、毛、棉、麻等纤维编织而成的墙布。具有强度大、静电小、无毒、无光、无味、美观等优点，可用于室内高级饰面裱糊，但价格偏高。

（6）无纺墙布

用棉、麻等天然纤维或涤腈等合成纤维，经过无纺成型、上树脂、印制花纹而成的一种贴墙材料。它具有挺括、富有弹性、不易折断、不老化、对皮肤无刺激、美观、施工方便等特点，同时还具有一定的透气性和防潮性，可擦洗而不褪色。适用于各种建筑物的室内墙面装饰。

（7）波音软片

表面强度较好，花色品种多，背部有自粘胶，适用于中高档室内装饰和家具饰面。

2.1.2　胶粘剂

常用的胶粘剂有 108 胶；聚醋酸乙烯胶粘剂（白乳胶），粘结性能较好，比较适合裱贴比较单薄、且有轻弱透底的壁纸，如玻璃纤维墙布；SG8 104 胶；粉末壁纸胶。

2.2　裱　糊　工　程　施　工

2.2.1　PVC 壁纸裱糊

（1）裱糊壁纸的基层处理

裱糊壁纸的基层，要求坚实牢固，表面平整光洁，不疏松起皮、掉粉，无砂粒、孔洞、麻点和飞刺，污垢和尘土应消除干净，表面颜色要一致。裱糊前应先在基层刮腻子并磨平。

不同基体材料的相接处，如石膏板和木基层相接处，应用穿孔纸带粘糊，以防止裱糊后的壁纸面层被撕裂或拉开，处理好的基层表面要喷或刷一遍汁浆，一般抹面基层可配制 108 胶:水 = 1:1 喷刷，石膏板、木基层等可配制酚醛清漆:汽油 1:3 喷刷，汁浆喷刷不宜过厚，要均匀一致。

（2）封闭底涂

腻子干透后，刷乳胶漆一道。若有泛碱部位，应用9%的稀醋酸中和。

(3) 弹线

按 PVC 壁纸的标准宽度找规矩，弹出水平及垂直准线。为了使壁纸花纹对称，应在窗口弹好中线，再向两侧分弹。如果窗口不在中间，为保证窗间墙的阳角花饰对称，应弹窗间墙中线，由中心线向两侧再分格弹线。

(4) 预拼、裁纸、编号

根据设计要求按照图案花色进行预拼，然后裁纸，裁纸长度应比实际尺寸大 20 ~ 30mm。

(5) 润纸

壁纸上墙前，应先在壁纸背面刷清水一遍，立即刷胶，或将壁纸浸入水中 3 ~ 5min 后，取出将水擦净，静置约 15min 后，再行刷胶。如在干纸上刷胶后立即上墙裱糊，纸虽被胶固定，但继续吸湿膨胀，因此墙面上的纸必然出现大量气泡，皱褶，不能成活。润纸后再贴到基层上，壁纸随着水分的蒸发而收缩、绷紧。这样，即使裱糊时有少量气泡，干后也会自行胀平。

(6) 刷胶

塑料壁纸背面和基层表面都要涂刷胶粘剂。为了能有足够的操作时间，纸背面和基层表面要同时刷胶。刷胶时，基层表面涂刷胶粘剂的宽度要比上墙壁纸宽约 3cm，涂刷要薄而均匀，塑料壁纸背面刷胶的方法是：壁纸背面刷胶后，胶面与胶面反复对叠。

(7) 裱糊

裱糊时，应从垂直线起至阴角处收口、由上而下进行。上端不留余量，包角压实。上墙的壁纸要注意纸幅垂直，先拼缝、对花形，拼缝到底压实后再刮平大面。一般无花纹的壁纸，纸幅间可拼缝重叠 2cm，并用直钢尺在接缝上从上而下用活动剪纸刀切断。有花纹的壁纸，则采取两幅壁纸花纹重叠，对好花，用钢尺在重叠处拍实，从上而下切。切割去余纸后，对准纸缝粘贴，阳角不得留缝，不足一幅的应裱糊在较暗或不明显的地方。基层阴角若遇不垂直现象，可做搭缝，搭缝宽度为 5 ~ 10mm，要压实，并不留空隙。

裱糊拼缝对齐后，用薄钢片刮板或胶皮刮板由上而下抹刮（较厚的壁纸必须用胶辊滚压），再由拼缝开始按向外向下的顺序刮平压实，多余的粘结剂挤出纸边，及时用湿毛巾抹去，以整洁为准，并要使壁纸与顶棚和角线交接处平直美观，斜视时无胶痕，表面颜色一致。

为了防止使用时碰蹭，使壁纸开胶，严禁在阳角处甩缝，壁纸要裹过阳角不小于 20mm。阴角壁纸搭缝时，应先裱糊压在里面的壁纸，再粘贴面层壁纸，搭接面应根据阴角垂直度而定，搭接宽度一般不小于 2 ~ 3mm，并且要保持垂直无毛边，如图 5-1 所示。

遇有墙面上卸不下来的设备或附件，裱糊时可在壁纸上剪口裱上去。其方法是将壁纸轻轻糊于突出的物件上，找到中心点，从中心往外剪，使壁纸舒平裱于墙面上，然后用笔轻轻

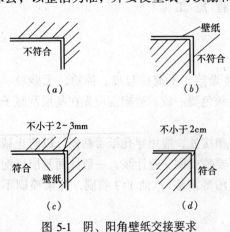

图 5-1　阴、阳角壁纸交接要求

标出物件的轮廓位置，慢慢拉起多余的壁纸，剪去不需要的部分，四周不得有缝隙。壁纸与挂镜线、贴脸和踢脚板接合处，也应紧接，不得有缝隙，以使接缝严密美观。

（8）修整

壁纸上墙后，若发现局部不合质量要求，应及时采取补救措施。如纸面出现皱纹、死摺时，应趁壁纸未干，用湿毛巾轻拭纸面，使壁纸湿，用手慢慢将壁纸舒平，待无皱褶时，再用橡胶滚或胶皮刮板赶压平整。如壁纸已干结，则要将壁纸撕下，把基层清理干净后，再重新裱糊。

如果已贴好的壁纸边沿脱胶而卷翘起来，即产生张嘴现象时，要将翘边壁纸翻起，检查产生的原因，属于基层有污物者，应清理干净，补刷胶液粘牢；属于胶粘剂胶性小的，应换用胶性较大的胶粘剂粘贴；如果壁纸翘边已坚硬，应使用粘结力较强的胶粘剂粘贴，还应加压粘牢粘实。

如果已贴好的壁纸出现接缝不垂直，花纹未对齐时，应及时将裱糊的壁纸铲除干净，重新裱糊。对于轻微的离缝或亏纸现象，可用与壁纸颜色相同的乳胶漆点描在缝隙内，漆膜干后一般不易显露。较严重的部位，可用相同的壁纸补贴，不得看出补贴痕迹。另外，如纸面出现气泡，可用注射针管将气抽出，再注射胶液贴平贴实，如图 5-2 所示。也可以用刀在气泡表面切开，挤出气体用胶粘剂压实。

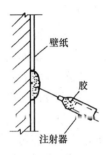

图 5-2　气泡

（9）养护处理

壁纸在裱糊过程中及干燥前，应防止穿堂风劲吹，并应防止室温突然变化。冬季施工应在采暖条件下进行。白天封闭通行或将壁纸用透气纸张覆盖，除阴雨天外，需开窗通风，夜晚关门闭窗，防止潮气入侵。

2.2.2　金属壁纸裱糊

金属壁纸系室内高档装修材料，它以特种纸为基层，将很薄的金属箔压合于基层表面加工而成。金属壁纸上面的金属箔非常薄，很容易折坏，故金属壁纸裱糊时须特别小心。基层必须特别平整洁净，否则可能将壁纸戳破，而且不平之处会非常明显的暴露出来。

（1）基层表面处理

阻燃型胶合板除设计有规定者外，应用厚 9mm 以上（含 9mm）、两面打磨光的特等或一等胶合板。若基层为纸面石膏板，则贴缝的材料只能是穿孔纸带，不得使用玻璃纤维纱网胶带。

（2）刮腻子

第一道腻子用油性石膏腻子将钉眼、接缝补平，并满刮腻子一遍，找平大面，干透后用砂纸打磨平整。

第一道腻子彻底干后，用猪血料石膏粉腻子（石膏粉：猪血料 10:3，质量比）再满刮一遍。腻子干透后，用砂纸磨平、扫净。第二道再满刮猪血料石膏粉腻子一遍，批刮方向应与第二道腻子垂直。干透后用砂纸打磨平、扫净。第四道、第五道腻子同第三、第四道腻子。第五通腻子磨平、扫净后，须用软布将全部腻子表面仔细擦净，不得有漏擦之处。

（3）刷胶

壁纸润纸后立即刷胶。金属壁纸背面及基层表面应同时刷胶。胶粘剂应用金属壁纸专用胶粉配制，不得使用其他胶粘剂。

（4）上墙裱贴

1）裱糊金属壁纸前须将基层再清扫一遍，并用洁净软布将基层表面仔细擦净。

2）金属壁纸可采用对缝裱糊工艺。

3）金属壁纸带有图案，故须对花拼贴。施工时二人配合操作，一人负责对花拼缝，一人负责手托已上胶的金属壁纸卷，逐渐放展，一边对缝裱贴，一边用橡胶刮子将壁纸刮平。刮时须从壁纸中部向两边压刮，使胶液向两边滑动而使壁纸裱贴均匀。刮时应注意用力均匀、适中，以免刮伤金属壁纸表面。

4）刮金属壁纸时，如两幅壁纸之间有小缝存在，则应用刮子将后粘贴的壁纸向先粘贴的壁纸一边轻刮，使缝逐渐缩小，直至小缝完全闭合为止。

2.2.3　锦缎裱糊

锦缎作为"墙布"来装饰室内墙面，在我国古建筑中早已采用。锦缎柔软光滑，极易变形，不易裁剪，故很难直接裱糊在各种基层表面。因此，必须先在锦缎背面裱一层宣纸，使绵缎硬朗挺括以后再上墙。

（1）锦缎上浆

将锦缎正面朝下、背面朝上，平铺于大"裱案"（裱糊案子是字画裱糊时的专用案子）上，并将锦缎两边压紧，用排刷沾"浆"从锦段中间向两边刷浆。刷浆（又名上浆）时应涂刷得非常均匀，浆液不宜过多，以打湿锦缎背面为准。

（3）裁纸、编号

锦缎属高档装修材料，价格较高，裱纸困难，裁剪不易，故裁剪时应严格要求，避免裁错，导致浪费。同时为了保证锦缎颜色、花纹的一致，裁剪时应根据锦缎的具体花色、图案及幅宽等仔细设计，认真裁剪。裁好的锦缎片子（俗称"开片"），应编号备用。

（4）刷胶

锦缎宣纸底面与基层表面应同时刷胶，胶粘剂可用专用胶粉。刷胶时应保证厚薄均匀，不得漏刷，裹边和起堆。基层上的刷胶宽度比锦缎宽 30mm。

（5）涂防虫涂料

因为锦锻为丝织品易被虫咬，故表面必须涂以防虫涂料。

课题3　涂料及刷浆工程施工

涂敷于建筑构件表面，并能与建筑构件材料很好地粘结，形成完整而坚韧的保护膜的材料，称为建筑涂料。以前涂料主要以油漆为主，现在又增加了合成树脂等其他无机材料。

涂料饰面具有色彩丰富，质感逼真，附着力强，施工方便，省工省料，工期短，工效高，造价低，经济合理，维修改新方便等优点，因而应用十分广泛。

3.1　材　料　简　介

3.1.1　涂料工程的常用材料

涂料由主要成膜物质，次要成膜物质和辅助成膜物质三部分组成，如图5-3所示。

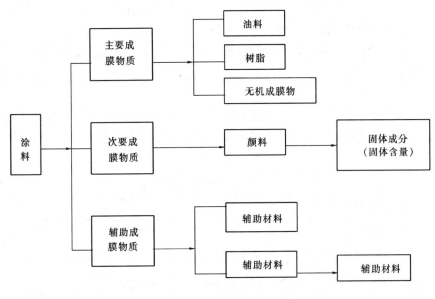

图 5-3　涂料组成图

3.1.2　刷浆工程的常用材料

生石灰块或灰膏、大白粉、可赛银、建筑石膏粉、滑石粉、胶粘剂、颜料等。

3.1.3　基层处理

基层处理的好坏对涂料及刷浆工程的质量影响很大，下面介绍常见几种基层的处理方法。

(1) 木基层表面处理

涂料对木制品表面的要求是平整光滑、少节疤、棱角整齐、木纹颜色一致等。为此，必须对木基层做加工和处理。

木基层的含水率不得大于 12%（质量分数）。制品表面应平整，无尘土、油污等脏物，施工前应用砂纸打磨。制品表面的缝隙、毛刺、脂囊应进行处理，然后用腻子刮平、打光。较大的脂囊和节疤应剔除后用与木纹相同的木料修补，木料表面的树脂、单宁素、色素等应清除干净。对于浅色、本色的中、高级清漆装饰，应先用漂白的方法将木材的色斑和不均匀的色调消除。漂白一般是在局部色深的木材表面上进行，也可在制品整个表面进行。

在显木纹油漆施工时，为了使木纹底色均匀一致，必须对其进行着色处理。木材表面着色，可以采用物理着色或化学着色方法。

涂刷清漆时，在表面满刮一层稀色腻子，即专用的填孔材料（大白粉或滑石粉加胶粘剂和适量颜料），将木材的管孔全部填塞封闭，称为"填孔"。这对清漆涂饰是十分重要的工序。稀色腻子与腻子类似，但粘度比腻子低。常用的填孔料分水性和油性两类。

(2) 金属基层表面处理

对金属基层表面处理的基本要求是表面平整、无尘土、油污、锈斑、鳞片、焊渣、毛刺和旧涂层等。

金属面除锈，可用手工除锈，或用气动、风动工具除锈，也可采用喷砂、酸洗、电化学除锈等方法。铝镁合金及其制品的表面，可用皂洗、洗洁剂等除去污，油腻，再用清水洗净，也可用稀释的磷酸溶液清洗。毛刺可用小砂轮机除去。

（3）混凝土和砂浆抹灰（包括水泥砂浆、石灰砂浆）基层表面处理。

基层处理方法：

（1）基层的清理

涂料饰面工程施工前，应认真检查基层质量，基层经验收合格后方可进行下道工序的操作：基层清理的目的在于清洁，不影响涂料对基层的粘结。常见的基层粘附物及清理方法，见表 5-1。

常见的基层粘附物及清理方法   表 5-1

项 次	常见的粘附物	清 理 方 法
1	灰尘及其他粉末	用扫帚、毛刷清扫或用吸尘器进行除尘处理
2	砂浆喷溅物、水泥	用铲刀、錾子铲剔凿或用砂轮打磨、也可用钢丝刷清理
3	油脂、脱模剂	用 5%～10% 的火碱水清洗后用清水洗净
4	表面泛"白霜"	用 3% 的草酸液清洗后用清水洗净
5	酥松、起皮、起砂	用錾子、铲刀将脱离部分全部铲除、并用钢丝刷刷去
6	霉斑	用化学去霉剂清洗，后用清水洗净
7	油漆、彩画、字痕	用 10% 的碱水清洗，或用钢丝刷蘸汽油或去油剂刷洗

（2）基层修补与找平

1）水泥砂浆基层分离的修补。水泥砂浆基层分离时，一般情况下部应将其分离部分铲除，重新做基层。当其分离部分不能铲除时，可用电钻（$\phi5～\phi10mm$）钻孔，采用不至于使砂浆分离部分重新扩大的压力，往缝隙注入低粘度的环氧树脂，使其固结。表面裂缝用合成树脂或水泥聚合物腻子嵌平，待固结后打磨平整。

2）小裂缝修补处理。用防水腻子嵌平，然后用砂纸将其打磨平整。对于混凝土板材出现的较深小裂缝，应用低粘度的环氧树脂或水泥浆进行压力灌浆，使裂缝被浆体充满。

3）大裂缝处理。先用手持砂轮或錾子将裂缝打磨或凿成 V 形口子，并清洗干净，然后用嵌缝枪或其他工具将密封防水材料嵌填于缝隙内，并用竹板等工具将其压平，在密封材料的外表用合成树脂或水泥聚合物腻子抹平，最后打磨平整。

4）孔洞修补。一般情况下直径 1cm 以下的孔洞可用石膏腻子填平，直径 1cm 以上的孔洞应用聚合物砂浆填充。待固结硬化后，用砂轮机打磨平整。

5）表面凹凸不平的处理。凸出部分可用錾子凿平或用砂轮机打磨平，凹入部分用聚合物砂浆填平。待硬化后，整体打磨一次。

6）错缝的处理。先用砂轮磨光机打磨或用錾子凿平，再根据具体情况用石膏腻子或聚合物砂浆进行修补填平。

7）露筋处理。用磨光机将铁锈全部清除后再进行防锈处理。根据情况不同，可将混凝土进行少量剔凿，并将混凝土内露出的钢筋进行防锈处理后，再用聚合物砂浆补抹平整。

3.2 施 工 方 法

涂料的施工方法一般有喷、滚、弹、刷等几种。

3.2.1 喷涂

喷涂是利用一定压力的高速气流将涂料带到所喷物体表面,形成涂膜。其优点是涂膜外观质量好,工效高,适用于大面积施工。

3.2.2 滚涂

滚涂是指用海绵滚子、橡胶滚子或羊毛滚子将涂料涂抹到基层上。滚子直径约40~45mm,滚涂时路线须直上直下,以保证涂层厚薄一致、色泽一致。滚涂一般两遍成活。

3.2.3 弹涂

用弹涂器分多遍将涂料弹涂在基层上,结成大小不同的点后,喷防水层一遍,形成相互交错、相互衬托的一种饰面。弹涂须先做样板,检验合格后方可大面积弹涂,每一遍弹浆应分多次弹匀。

3.2.4 刷涂

用刷子刷,操作时涂刷方向及行程长短应均匀一致。宜勤蘸短刷,不可反复。

3.3 合成树脂乳液涂料施工

合成树脂乳液涂料的施工流程为:基层处理→抹底中层灰→刮腻子→底层封闭涂料→面层涂料。

合成树脂乳液涂料的基本构造做法如图5-4~图5-7所示。

(1) 基层处理 将墙面上的灰尘等杂物清扫干净。

(2) 抹底、中层灰

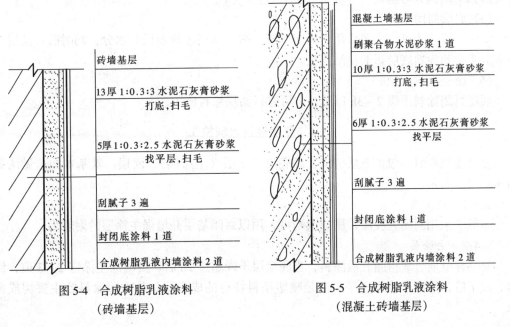

图 5-4 合成树脂乳液涂料
(砖墙基层)

图 5-5 合成树脂乳液涂料
(混凝土砖墙基层)

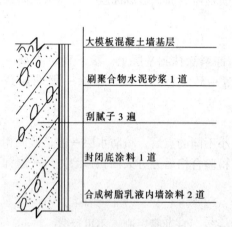

图 5-6 合成树脂乳液涂料
（大模板混凝土墙基层）

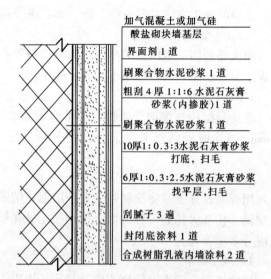

图 5-7 合成树脂乳液涂料
（加气混凝土砌块墙基层）

底层灰 10～20mm 厚，两遍成活，中层 5～6mm 厚，扫毛，找平层必须十分平整（不要求光滑）。表面平整度偏差、阴阳角垂直度偏差均不得超过 2mm，立面垂直度偏差不得超过 3mm。

（3）刮腻子

中层灰完全凝固干透后，刮腻子三遍。第一遍填补气孔、麻点、缝隙及凹凸不平处，局部刮腻子干后用 0～2 号砂纸磨平，第二、三遍刮腻子均为薄刮，干后也用砂纸打磨，且两遍腻子刮批方向垂直。

（4）底层封闭涂料

滚涂、刷涂均可，主要作用是封闭基层、减少基层吸收面层的水分，同时防止基层内的水分渗透到涂料底层影响粘结强度。

（5）面层涂料

底层封闭涂料干燥 2～3h 以后，方可进行面层涂料施工。

3.4 复层建筑涂料施工

复层建筑涂料一般由三层组成，即底层、中层（主涂层）、面层。其基本构造做法如图 5-8、5-9 所示。

3.4.1 底涂层

一般多采用封闭乳胶漆，刷或滚均可，用以封闭基层并增强主涂层的附着力。

3.4.2 主涂层

是一种厚质合成树脂乳液涂料，当底涂层干燥超过 2h 后，可喷涂主涂层 2～3 道，约六七成干后，用滚子略微压平，它是喷塑涂料特有的成形层，是喷塑涂料的主要构成部分。

3.4.3 面涂层

待主涂层完全干燥后，喷两遍面涂，间隔 4h 后面层内可加入多种耐晒彩色颜料，使喷塑涂层带有柔和的色泽，起到美化和增加耐久性的作用。

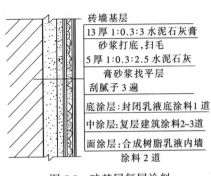

图 5-8 砖基层复层涂料

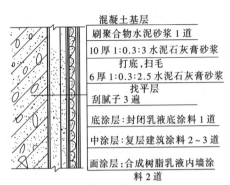

图 5-9 混凝土基层复层涂料

3.5 彩砂涂料施工

彩砂涂料是以丙烯酸酯共聚乳液为胶粘剂，由彩色硅砂为基料，掺入适量的添加剂配制而成。它由四大部分组成，即基层封闭涂料、粘结胶、彩色石粒（砂）和罩面涂料。由于用彩色石粒代替一般涂料中的颜料和填料，可以从根本上解决涂料的褪色和变色问题，同时，由于硅砂经过高温烧结，可以做到色泽鲜艳，质感丰富，可增强涂层的耐久性和装饰性。

彩砂涂料施工工艺流程为：刷基层封闭涂料一道→喷胶粘剂→喷彩色石粒→喷罩面涂料。

3.5.1 基层封闭

由树脂乳液加助剂与水配制而成。主要是减缓干燥基层从粘胶中过快地吸收水分。助剂是辅助成膜的一种透明液体，由挥发性强的溶剂配制而成，一般在基层上刷涂 2 遍。

3.5.2 喷胶粘剂

粘结胶是彩砂与墙体表面的连结体，一般由专门厂生产，采用喷涂工艺，胶层厚度在 1.5mm 左右。

3.5.3 喷彩色石粒

石粒由各种花岗岩、大理石等石料破碎而成，粒径在 1.2～0.3mm 范围内，在饰面中起骨架作用。施工时，一人在前喷胶，一人随后喷石粒砂，不能间断操作。喷完石粒砂 2h 后再喷罩面涂料。

3.5.4 喷罩面涂料

将罩面涂料喷在石粒上以后，能很快形成一个连续、憎水且透明的薄膜层，它可防止雨水浸入饰面层并有抗污染和抗老化的能力。罩面涂料干燥后有一定的光泽。

3.6 水溶性内墙涂料施工

3.6.1 水性绒面涂料施工

水性绒面涂料简称绒面涂料，以多种着色粒子与树脂研磨加工而成，是目前高档建筑装饰涂料。用其涂装的墙面，具有麂皮绒毛质感受，优雅华贵，柔和大方，故名绒面涂料。涂料膜色彩多样，耐水、耐酸、碱性均好。

3.6.2 钢化涂料施工

钢化涂料又名仿瓷涂料，具有光洁度好（正看似瓷侧看似镜）硬度高，不怕碰撞，可干擦水洗，使用寿命长，价格适中等特点。常见有白色、彩色两种。钢化涂料构造做法如图 5-10、图 5-11 所示。

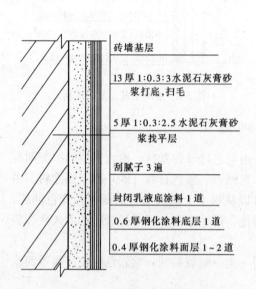

图 5-10 砖墙基层钢化涂料

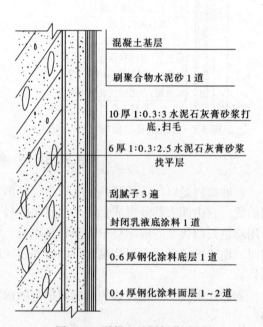

图 5-11 混凝土基层钢化基层

钢化涂料的施工工艺

基层做法同前。面层做法分两种：

第一种：

1）用 0.3mm 厚的钢片刮涂 0.6mm 厚钢化涂料底层一遍，须刮匀刮平。

2）底涂完全干燥后（30h 左右）再刮涂 0.4mm 厚钢化涂料面层 1~2 遍，须保证十分平整光滑，整个墙面不得有任何刮压痕迹。

3）面层干至 6~7 成时，用钢片刮子反复抛压收光，直至具有瓷砖样质感。

第二种：

1）用白水泥∶大白粉∶钢化涂料五色胶水＝7∶3∶适量刮涂在基层上，干后砂纸打磨。

2）把无色胶水和水按 1∶3 的比例搅拌均匀，倒入涂料内。

3）一人在前用滚子滚涂，一人在后即时用刮板刮平，涂层约为 0.6mm 厚，干后用细砂纸打磨。

4）把加胶的涂料再加涂料对稀，一个滚涂，一人刮平，待干到六七成时，再抛压，收光，达到瓷砖效果为止（厚约 0.4mm）。

3.6.3 瓷釉涂料施工

瓷釉涂料又名液体瓷涂料，具有表面光亮，瓷釉质感显著，韧性好、耐高低温、耐沸水、耐擦洗、耐冲击、耐磨、耐碱、耐油、耐蒸汽，附着力强，自然条件下固化性能好，色彩可任意调配，施工方便（喷、刷均可），易返修等特点。

瓷釉涂料用以装饰墙面，不仅可获得与瓷砖相同的效果，而且比瓷砖墙更豪华富丽、魅力诱人。

瓷釉涂料除可大面积涂饰外，还可加以分格，涂饰成瓷砖造型，不仅比瓷砖施工提高工效，而且对许多用瓷砖难以施工的几何形体墙面和复杂的造型面等均可一涂而就。另外，瓷釉涂料不但可涂于各种基层的墙面，而且还可以涂于金属、搪瓷、陶制品，玻璃、塑料等基材之上。瓷釉涂料基本构造做法如图 5-12、图 5-13 所示。

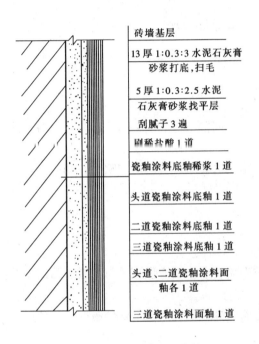

图 5-12 砖墙基层瓷釉涂料　　　　图 5-13 混凝土基层瓷釉涂料

施工工艺：

1）基层处理后，满刷稀盐酸（12%～20%）一遍，晾干。

2）刷底釉稀浆一遍（配套产品），干透。

3）上头遍底釉，喷、刷均可，八成干时刮批腻子，干后砂纸磨平。

4）上二三遍底釉，每遍八成干时用砂纸磨平。

5）喷或刷一二遍面釉（间隔 4h）用 360 号水砂纸磨平。

6）刷最后一道面釉，与前一遍面釉间隔 48h，并需养护 5d（冬期应适当延长）。

3.6.4 仿石涂料施工

仿石涂料俗称仿石漆、真石漆、石头漆、自然石漆，以天然石材经特殊工艺加工而成，室内墙面、柱面、雕塑等均可涂刷，质感逼真。

仿石涂料在各种基层上均可涂饰，施工方便。仿石涂料基本构造做法如图 5-14、图 5-15 所示。

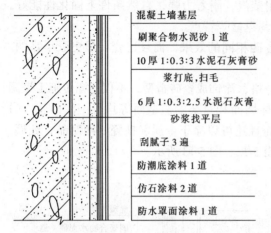

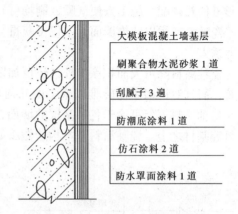

图 5-14 砖基层仿石涂料　　　　　图 5-15 大模板混凝土基层仿石涂料

墙面仿石涂料施工工艺：

1）基层处理后，涂一遍防潮底漆。

2）喷或刷二遍仿石涂料，第一遍约 1.5mm 厚，间隔 6h 后再涂第二遍仿石涂料，两遍总厚约 3～4mm。采用不同的施工方法，效果是不同的，刷涂质感光滑，用料较少；喷涂质感粗犷，用料较多。一般第一遍面层刷涂，第二遍喷涂；若两遍均喷涂，则第一遍需快速薄喷，第二遍则缓慢、均匀、平稳。

3）第二遍面层喷后 24h，再喷一遍罩面材料。

3.6.5　刷浆工程施工

（1）基层处理：将被涂面表面的灰尘等杂物清理干净。

（2）喷（刷）胶水：混凝土墙面字刮腻子前先喷胶水，以增强腻子与基层表面的粘结性。

（3）填补缝隙、局部刮腻子：用石膏腻子将墙面缝隙及坑洼不平处分遍找平，待腻子干后用砂纸磨平，并把浮尘扫净。

（4）石膏板面接缝处理：接缝处用嵌缝腻子填塞满，上糊一层玻璃网格布、麻布或绸条布，用乳液或胶粘剂将布条粘在拼缝上，糊完后刮石膏腻子要盖过布的宽度。

（5）满刮腻子：一般刮三遍，应横竖刮，每遍腻子干后用砂纸打磨，磨完后将浮尘清理干净。

（6）刷（喷）第一遍浆：先将门窗口圈 20cm 用排笔刷好，如墙面和顶棚为良种颜色时应在分色线处用排笔齐线并刷 20cm 宽以利接槎，然后再大面积刷喷浆。按先顶棚后墙面，先上后下的顺序进行。

（7）复找腻子：第一遍浆干透后，对墙面上的麻点、坑洼等用腻子重新刮平，干后打磨，清理干净。

（8）刷（喷）第二遍浆：做法同第一遍。

（9）刷（喷）交活浆：待第二遍浆干后，用细砂纸将粉尘、溅沫、喷点等轻轻磨掉，并打扫干净，即可交活浆。交活浆应比第二遍浆的胶量适当增大一点，防止喷、刷浆的涂层掉粉。

课题 4 吊顶与隔墙工程施工

4.1 吊 顶 工 程 施 工

4.1.1 轻钢龙骨固定罩面板顶棚施工

(1) 构造：以 T 型龙骨、矿棉装饰吸声板为例，如图 5-16 所示。

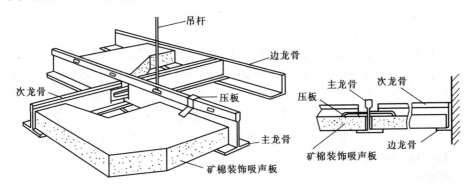

图 5-16 矿棉装饰吸声板构造图

(2) 施工工艺

1) 弹线用水准仪在房间内每个墙（柱）角上抄出水平点（若墙体较长，中间也应适当抄几个点），弹出水准线（水准线距地面一般为 500mm），从水准线量至吊顶设计高度加上 12mm（一层石膏板的厚度），用粉线沿墙（柱）弹出水准线，即为吊顶次龙骨的下皮线，同时，按吊顶平面图在混凝土顶板弹出主龙骨的位置。主龙骨应从吊顶中心向两边分，最大间距为 1000mm，并标出吊杆的固定点，吊杆的固定点间距 900～1000mm；如遇到梁和管道固定点大于设计和规程要求，应增加吊杆的固定点。

2) 固定吊挂杆件采用膨胀螺栓固定吊挂杆件。不上人的吊顶，吊杆长度小于1000mm，可以采用 $\phi6$ 的吊杆，如果大于 1000mm，应采用 $\phi8$ 的吊杆，还应设置反向支撑。吊杆可以采用冷拔钢筋和盘圆钢筋，但采用盘圆钢筋应采用机械将其拉直。上人的吊顶，吊杆长度小于 1000mm，可以采用 $\phi8$ 的吊杆，如果大于 1000mm，应采用 $\phi10$ 的吊杆，还应设置反向支撑。吊杆的一端用 L30×30×3 角码焊接（角码的孔径应根据吊杆和膨胀螺栓的直径确定），另一端可以用攻丝套出大于 100mm 的丝杆，也可以买成品丝杆焊接；制作好的吊杆应做防锈处理，吊杆用膨胀螺栓固定在楼板上，用冲击电锤打孔，孔径应稍大于膨胀螺栓的直径。

3) 在梁上设置吊挂杆件。吊挂杆件应通直并有足够的承载能力；吊杆距主龙骨端部距离不得超过 300mm，否则应增加吊杆；吊顶灯具、风口及检修口等应设附加吊杆。

4) 安装边龙骨

边龙骨的安装应按设计要求弹线，沿墙（柱）上的水平龙骨线把 L 形镀锌轻钢条用自攻螺丝固定在预埋木砖上；如为混凝土墙（柱），可用射钉固定，射钉间距应不大于吊顶次龙骨的间距。

5）安装主龙骨。

A. 主龙骨应吊挂在吊杆上。主龙骨间距 900～1000mm、主龙骨分为轻钢龙骨和 T 形龙骨。轻钢龙骨可选用 UC50 中龙骨和 UC38 小龙骨。主龙骨应平行房间长向安装，同时应起拱，起拱高度为房间跨度的 1/300～1/200。主龙骨的悬臂段不应大于 300mm，否则应增加吊杆。主龙骨的接长应采取对接，相邻龙骨的对接接头要相互错开。主龙骨挂好后应基本调平。

B. 跨度大于 15m 以上的吊顶，应在主龙骨上，每隔 15m 加一道大龙骨，并垂直主龙骨焊接牢固。

6）安装次龙骨

次龙骨分明龙骨和暗龙骨两种。暗龙骨吊顶：即安装罩面板时将次龙骨封闭在棚内，在顶棚表面看不见次龙骨。明龙骨吊顶：即安装罩面板时次龙骨明露在罩面板下，在顶棚表面能够看见次龙骨。次龙骨应紧贴主龙骨安装。次龙骨间距 300～600mm。次龙骨分为 T 形烤漆龙骨、T 形铝合金龙骨，和各种条形扣板厂家配带的专用龙骨。用 T 形镀锌铁片连接件把次龙骨固定在主龙骨上时，次龙骨的两端应搭在 L 形边龙骨的水平翼缘上，条形扣板有专用的阴角线做边龙骨。

7）罩面板安装

吊挂顶棚罩面板常用的板材有吸声矿棉板、硅钙板、塑料板、格栅和各种扣板等。

A. 矿棉装饰吸声板安装。规格一般分为 300mm×600mm，600mm×600mm，600mm×1200mm 三种；300mm×600mm 的多用于暗插龙骨吊顶，将面板插于次龙骨上。600mm×600mm 及 600mm×1200mm 一般用于明装龙骨，将面板直接搁于龙骨上。

B. 硅钙板、塑料板安装。规格一般为 600mm×600mm，一般用于明装龙骨，将面板直接搁于龙骨上。

C. 格栅安装。规格一般为 100mm×100mm；150mm×150mm；200mm×200mm 等多种方形格栅，一般用卡具将饰面板板材卡在龙骨上。

D. 扣板安装。规格一般为 100mm×100mm；150mm×150mm；200mm×200mm；600mm×600mm 等多种方形塑料板，还有宽度为 100mm；150mm；200mm；300mm；600mm 等多种条形塑料板；一般用卡具将饰面板板材卡在龙骨上。

4.1.2　轻钢龙骨活动罩面板顶棚施工

活动面板吊顶简称活动式吊顶，指罩面板搁放在龙骨下翼缘上，能"活动"的将罩面板取下放上的顶棚。是配套组装式吊顶的一种。

（1）构造：如图 5-17 所示。

（2）施工工艺

1）纸面石膏板安装

饰面板应在自由状态下固定，防止出现弯棱，凸鼓的现象；还应在棚顶四周封闭的情况下安装固定，防止板面受潮变形。

纸面石膏板的长边（既包封边）应沿纵向次龙骨铺设；自攻螺钉与纸面石膏板边的距离，用面纸包封的板边以 10～15mm 为宜，切割的板边以 15～20mm 为宜；固定次龙骨的间距，一般不应大于 600mm，在南方潮湿地区，间距应适当减小，以 300mm 为宜；钉距以 150～170mm 为宜，螺钉应于板面垂直，已弯曲、变形的螺钉应剔除，并在相隔 50mm

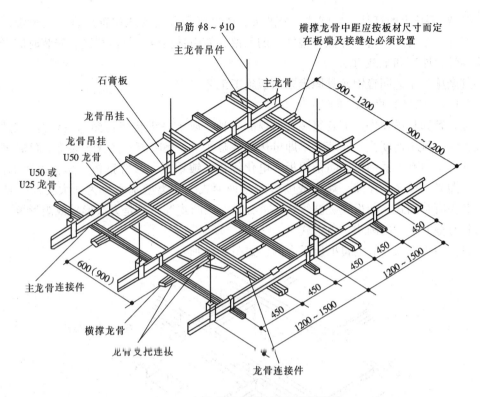

图 5-17　轻钢龙骨纸面石膏板吊顶构造

的部位另安螺钉；安装双层石膏板时，面层板与基层板的接缝应错开，不得在一根龙骨上；石膏板的接缝，应按设计要求进行板缝处理；纸面石膏板与龙骨固定，应从一块板的中间向板的四边进行固定，不得多点同时作业；螺钉钉头宜略埋入板面，但不得损坏纸面，钉眼应作防锈处理并用石膏腻子抹平；拌制石膏腻子时，必须用清洁水和清洁容器。

大面积的纸面石膏板吊顶，应注意设置膨胀缝。

2) 纤维水泥加压板（埃特板）安装

龙骨间距、螺钉与板边的距离，及螺钉间距等应满足设计要求和有关产品的要求。

纤维水泥加压板与龙骨固定时，所用手电钻钻头的直径应比选用螺钉直径小 0.5 ~ 1.0mm；固定后，钉帽应作防锈处理，并用油性腻子嵌平；用密封膏，石膏腻子或掺界面剂胶的水泥砂浆嵌涂板缝并刮平，硬化后用砂纸磨光，板缝宽度应小于 50mm；板材的开孔和切割，应按产品的有关要求进行。

3) 防潮板安装

饰面板应在自由状态下固定，防止出现弯棱、凸鼓的现象；防潮板的长边（既包封边）应沿纵向次龙骨铺设；自攻螺钉与防潮板板边的距离，以 10 ~ 15mm 为宜，切割的板边以 15 ~ 20mm 为宜；固定次龙骨的间距，一般不应大于 600mm，在南方潮湿地区，钉距以 150 ~ 170mm 为宜，螺钉应于板面垂直，已弯曲、变形的螺钉应剔除；面层板接缝应错开，不得在一根龙骨上；防潮板的接缝处理同石膏板；防潮板与龙骨固定时，应从一块板的中间向板的四边进行固定，不得多点同时作业；螺钉钉头宜略埋入板面，钉眼应作防锈处理并用石膏腻子抹平。

4）饰面板上的灯具、烟感器、喷淋头、风口箅子等设备的位置应合理、美观，与饰面的交接应吻合、严密。并做好检修口的预留，使用材料应与母体相同，安装时应严格控制整体性，刚度和承载力。

其余施工工艺同轻钢龙骨固定罩面板施工工艺。

4.1.3 轻钢龙骨金属罩面板施工

金属装饰板吊顶也是配套组装式吊顶的一种，属于高级装修顶棚。主要特点是质轻、安装方便、施工速度快，安装完毕即可达到装修效果，集吸声、防火、装饰、色彩等功能为一体。板材有不锈钢板、防锈铝板、电化铝板、镀铝板、镀锌钢板、彩色镀锌钢板等，表面有抛光、亚光、浮雕、烤漆或喷砂等多种形式。其类型基本分为两大类：一是条形板，其中有封闭式、扣板式、波纹式、重叠式、凹凸式等。二是方块形板或矩形板，其中方形板有藻井式、内圆式、龟板式。

（1）构造：以方形金属吊顶板为例，如图5-18所示。

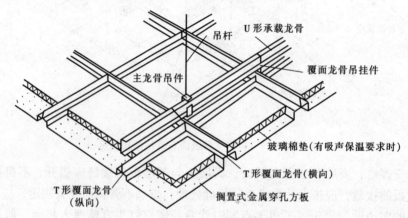

图 5-18 方形金属板吊顶搁置式安装示意图

（2）施工工艺

1）铝塑板安装

铝塑板采用单面铝塑板，根据设计要求，裁成需要的形状，用胶贴在事先封好的底板上，可以根据设计要求留出适当的胶缝。

胶粘剂粘贴时，涂胶应均匀；粘贴时，应采用临时固定措施，并应及时擦去挤出的胶液；在打封闭胶时，应先用美纹纸带将饰面板保护好，待胶打好后，撕去美纹纸带，清理板面。

2）单铝板或铝塑板安装

将板材加工折边，在折边上加上铝角，再将板材用拉铆钉固定在龙骨上，可以根据设计要求留出适当的胶缝，在胶缝中填充泡沫胶棒，在打封闭胶时，应先用美纹纸带将饰面板保护好，待胶打好后，撕去美纹纸带，清理板面。

3）金属（条、方）扣板安装

条板式吊顶龙骨一般可直接吊挂，也可以增加主龙骨，主龙骨间距不大于1000mm，条板式吊顶龙骨形式与条板配套。

方板吊顶次龙骨分明装T形和暗装卡口两种，可根据金属方板式样选定；次龙骨与主龙骨间用固定件连接。

金属板吊顶与四周墙面所留空隙，用金属压条与吊顶找齐，金属压缝条的材质宜与金属板面相同。

饰面板上的灯具、烟感器、喷淋头、风口箅子等设备的位置应合理、美观，与饰面的交接应吻合、严密。并做好检修口的预留，使用材料宜与母体相同，安装时应严格控制整体性，刚度和承载力。

（3）大于3kg重型灯具、电扇及其他重型设备严禁安装在吊顶工程的龙骨上。

其余施工工艺同轻钢龙骨固定罩面板施工工艺。

4.1.4 开敞式吊顶施工工艺

开敞式吊顶棚是通过一定数量的单体标准化定型构件相互组合成单元体，再将单元体拼排，通过龙骨或不通过龙骨而直接悬吊在结构基体下，形成既遮又透，有利建筑通风及声学处理，又起装饰效果的一种新型吊式顶棚。如再嵌装一些灯饰，能使整个室内更添光彩、韵味，特别适用于大厅、大堂。

标准化定型单体构件多用木材、金属、塑料等材料制造。木材加工制作容易，铝合金质轻耐用，防火防潮，有一定色彩，故二者最为常用。木质单体构件应采用优质木材及胶合板按设计要求规格现场加工成型。木质单体构件有板材及方材两种，现今市场有多种经蒸煮烘干处理并经粗细加工的优质板条及方木（包括进口产品）出售。

金属单元体构件材质有铝合金、镀锌钢板、彩色镀锌钢板等多种，以铝合金材质制成者较常用。金属单元体构件分格片型及格栅型两类。

格片型金属单元体构件，其形状如图5-19所示，厚度为0.8mm，是经冷压成形的长条带挂钩的板材。可排列布置成斜交式、纵横式、十字交叉等各种图案。格栅型金属单体构件应用较多的有金属吸声复合单板和铝合金格栅两类。

可将金属复合单板插入各种专用网络支架槽内，组成单元体，构成网格体型。其网络支架有六个插口槽，通过单板构件嵌插方位不同，可构成六角形，方格形、波浪形、大小

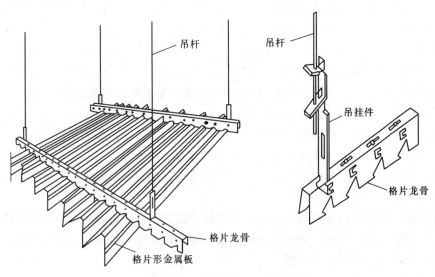

图5-19 格片型金属板单体构件安装及悬吊示意图

方盒形等等多种几何图案。

4.2 轻质隔墙工程施工

4.2.1 骨架隔墙工程施工

骨架隔墙是以平立钢龙骨、木龙骨等为骨架，以纸面石膏板、人造木板、水泥纤维板等为墙面板形成的隔墙。

（1）木龙骨板材隔墙施工

1）弹线

在基体上弹出水平线和竖向垂直线，以控制隔断龙骨安装的位置、格栅的平直度和固定点。

2）墙龙骨的安装

沿弹线位置固定沿顶和沿地龙骨，各自交接后的龙骨，应保持平直，固定点间距应不大于1m，龙骨的端部必须固定，固定应牢固，边框龙骨与基体之间，应按设计要求安装密封条。

门窗或特殊节点处，应使用附加龙骨，其安装应符合设计要求。

骨架安装的允许偏差，应符合表5-2规定。

隔断骨架允许偏差 表5-2

项 次	项 目	允许偏差（mm）	检 验 方 法
1	立面垂直	2	用2m托线板检查
2	表面平整	2	用2m直尺和楔型塞尺检查

3）罩面板安装

A. 石膏板安装

安装石膏板前，应对预埋隔断中的管道和附于墙内的设备采取局部加强措施；石膏板宜竖向铺设，长边接缝宜落在竖向龙骨上。双面石膏罩面板安装，应与龙骨一侧的内外两层石膏板错缝排列，接缝不应落在同一根龙骨上；需要隔声、保温、防火的应根据设计要求在龙骨一侧安装好石膏罩面板后，进行隔声、保温、防火等材料的填充。

石膏板应采用自攻螺钉固定。周边螺钉的间距不应大于200mm，中间部分螺钉的间距不应大于300mm，螺钉与板边缘的距离应为10～16mm。安装石膏板时，应从板的中部开始向板的四边固定。隔墙端部的石膏板与周围的墙或柱应留有3mm的槽口。施铺罩面板时，应先在槽口处加注嵌缝膏，然后铺板并挤压嵌缝膏使面板与邻近表层接触紧密。在丁字形或十字形相接处，如为阴角应用腻子嵌满，贴上接缝带，如为阳角应做护角。

B. 胶合板和纤维（埃特板）板、人造木板安装

安装胶合板、人造木板的基体表面，需用油毡、釉质防潮时，应铺设平整，搭接严密，不得有皱折，裂缝和透孔等。

胶合板、人造木板采用直钉固定，如用钉子固定，钉距为80～150mm。钉眼用油性腻子抹平。需要隔声，保温、防火的应根据设计要求在龙骨安装好后，进行隔声、保温、防火等材料的填充，再封闭罩面板。

胶合板、纤维板用木压条固定时，钉距不应大于200mm。

用胶合板、人造木板、纤维板作罩面时，应符合防火的有关规定，在湿度较大的房

间，不得使用未经防水处理的胶合板和纤维板。

墙面安装胶合板时，阳角处应做护角，以防板边角损坏，并可增加装饰。

C. 塑料板安装：塑料板安装方法，一般有粘结和钉结两种

一般情况下，聚氯乙烯塑料装饰板用聚氯乙烯胶粘剂（601胶）或聚醋酸乙烯胶粘剂粘结。安装塑料贴面板复合板采用钉结，预先钻孔，再用木螺钉加垫圈紧固，也可用金属压条固定。

D. 铝合金装饰条板安装

用铝合金条板装饰墙面时，可用螺钉直接固定在结构层上，也可用锚固件悬挂或嵌卡的方法，将板固定在墙筋上。

4.2.2 轻钢龙骨隔断墙施工

（1）构造：以双层石膏板隔墙为例，如图5-20所示。

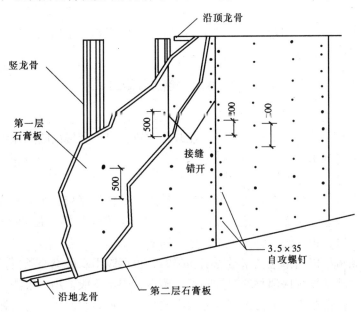

图5-20 双层石膏板隔墙安装

（2）操作工艺

1）弹线

在基体上弹出水平线和竖向垂直线，以控制隔断龙骨安装的位置、龙骨的平直度和固定点。

2）隔断龙骨的安装

A. 沿弹线位置固定沿顶和沿地龙骨，各自交接后的龙骨，应保持平直。固定点间距应不大于1000mm，龙骨的端部必须固定牢固。边框龙骨与基体之间，应按设计要求安装密封条。

B. 当选用支撑卡系列龙骨时，应先将支撑卡安装在竖向龙骨的开口上，卡距为400～600mm，距龙骨两端的为20～25mm。

C. 选用通贯系列龙骨时，高度低于3m的隔墙安装一道；3～5m时安装两道；5m以

上时安装三道。

　　D. 门窗或特殊节点处，应使用附加龙骨，加强其安装应符合设计要求。

　　E. 隔断的下端如用木踢脚板覆盖，隔断的罩面板下端应离地面 20～30mm；如用大理石、水磨石踢脚时，罩面板下端应与踢脚板上口齐平，接缝要严密。

　　F. 骨架安装的允许偏差，应符合表 5-3 规定。

隔断骨架允许偏差　　　　　　　　　　　表 5-3

项　次	项　目	允许偏差（mm）	检 验 方 法
1	立面垂直	3	用 2m 托线板检查
2	表面平整	2	用 2m 直尺和楔型塞尺检查

　　3）罩面板安装

　　轻钢龙骨隔断墙罩面板安装施工与骨架隔墙工程面板安装施工相同。

　　4）细部处理

　　墙面安装胶合板时，阳角处应做护角，以防板边角损坏，阳角的处理应采用刨光起线的木质压条，以增加装饰。

4.3　板材隔墙工程施工

　　板材隔墙是指用复合轻质墙板、石膏空心板、预制或现制的钢丝网水泥板等板材形成的隔墙。板材隔墙由于施工工艺简单，又能减轻建筑物自重和提高隔声保温性能，故在众多的装饰工程中得到了应用。

　　4.3.1　石膏空心条板隔墙施工

　　石膏空心条板是以建筑石膏为主要原料，掺加适量的粉煤灰、水泥和增强纤维制浆拌和、浇注成型、抽芯、干燥等工艺制成的轻质板材，具有质量轻、强度高、隔热、隔声、防火等性能，可钉、锯、刨、钻等加工，施工简便。

　　石膏空心条板可以用单层板来做隔墙和隔断，也可以用双层空心条板，中间夹设空气层或矿棉、膨胀珍珠岩等保温材料组成隔墙。墙板的固定一般常用下楔法，即下部用木楔固定后灌填干硬性混凝土。上部的固定方法有两种：一种为软连接；另一种是直接顶在楼板或梁下。后者方法因其施工简便目前常用。墙板的空心部分可穿各种线路，板面上可固定电门、插销，可按需要钻成小孔等。

　　4.3.2　加气混凝土板隔墙施工

　　（1）墙板的布置形式

　　加气混凝土墙板由于具有良好的综合性能，因此目前常被应用于各种建筑的外墙。加气混凝土板自重小，节省水泥，运输方便，施工操作简单，可锯、可刨、可钉。

　　1）竖向墙板为主的布置形式与施工

　　当建筑物的开间（或柱距）尺寸较大（超过 6m），门窗洞口的形式较为复杂时，一般多采用竖向外墙板的布置形式，并且通过在两板之间的板槽内插筋灌砂浆来实现其与上下楼板、梁、钢筋混凝土圈梁连接。这种竖向布置形式的优点是应用灵活，缺点是吊装次数较多，灌缝次数较多，而且施工不便，效率较低。

　　根据设计的布置，画出墙板的安装位置线，并要标出门窗的位置。采用单板逐次或双板、多板（预先在地面上粘结好）吊装到所要放置的位置，连接钢筋，灌注砂浆。吊装窗过梁和窗坎墙到预定的位置（必要时要设置支撑），并连接钢筋，灌注砂浆。

2）横向墙板为主的布置形式与施工

建筑中横向墙板为主的布置形式，比较适用于门窗洞口较简单、窗间墙较少或没有窗间墙的建筑。在设计中应注意到符合横向外墙板的规格，特别是宽度较大的，例如 6m 宽的横向外墙板，分布钢筋较多，应尽量避免进行较多的纵向切锯等加工。

这种横向布置的优点是应用灵活，板缝施工较竖向布置易保证质量；缺点是吊装次数较多。根据设计的布置，画出墙板所要安装的位置。采用单板逐次或双板、多板（预先在地面上粘结好）吊装到所要安装的位置，并连接钢筋和灌注砂浆。

（2）隔墙板的平面排列与隔墙构造

1）隔墙为无门窗布置的，且隔墙的宽度与每块板宽度之和不相符时，应当将"余量"安排在靠墙或靠柱那块板的一侧。

2）加气混凝土隔墙一般采用竖直安装法，其连接固定有刚性连接和柔性连接两种方法。柔性连接是在板的上端与结构底面垫弹性材料的作法，但在实际施工中，较多采用刚性连接法，其作法与步骤是先做室内地面，将板就位后，上端铺粘结砂浆，然后在板的两侧对打木楔，使板上端与结构层顶紧，并在板下端的木楔间塞填豆石混凝土，待混凝土硬固后取出木楔，最后再做室内地坪。

3）隔墙的转角连接主要有 L 式转角连接和 T 式「丁字」连接，连接固定主要用粘结砂浆和斜向钉入镀锌圆钉或经防锈处理的 $\phi 8$ 钢筋，窗钉间距为 700～800mm，L 式和 T 式的连接构造见图 5-21。

（3）拼装外墙大板

由于竖向外墙板（或横向外墙板）较窄，故吊装次数较多，为了避免这些缺点，近些年国外已经采取将单板在工厂或现场拼装成比较大型的板材之后再吊装。目前较多的是采用在工地现场拼装的方式，应按设计要求确定拼装大板的规格板型，由于安装部位不同，其构造连接方式也不同。

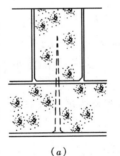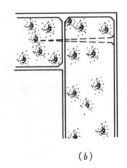

（a）　　　　　　　　　　（b）

图 5-21　隔墙转角连接
（a）丁字连接；（b）L 形连接

1）竖向外墙板为主的拼装大板。采用侧拼法，即依靠板的自重，使板间粘牢，然后在板侧灌浆插钢筋，待砂浆达到一定强度后将大板翻转 90°。优点是工艺简单，亦可重叠拼装，占地较小。

2）横向外墙板为主的拼装大板。该种拼装形式适用于开间、窗户洞口比较单一的设计。但是垂直方向穿钢筋，板侧需打孔（一般应由工厂制作时预留），但不易保证质量，故比较适合于在工厂拼装。此种形式的大板一般可不在侧向打斜孔插钢筋。其优点是粘结后，大板不必翻转，也不必等到粘结剂达到一定强度后再吊装，只要拼装完毕将板内附加钢筋端头螺栓拧紧即可吊离拼装架，拼装工艺简单，施工方便，效率较高。

4.3.3　纸面草板隔墙施工

纸面草板的性能用途

纸面草（稻草、麦草）板具有强度高、韧性好、保温隔热、耐火、隔声、抗震等特点。它可锯、钉、油饰或装饰。纸面草（稻草、麦草）板可以和其他材料复合成各种形式、多种用途的复合板材，可广泛适用于各种住宅、办公楼、宾馆、剧院、厂房、仓库、商亭等单层和多层建筑。

纸面草板在建筑装饰中广泛应用，既可作非承重的墙体材料，也可作吊顶及屋顶、屋面材料。用于外墙时，纸面草板不得直接暴露于室外，露在室外一侧的纸面板上要刷涂防水涂料，然后必须封钉适应室外气候条件的外饰面层，如水泥砂浆、金属压型板、石棉水泥波形板等。在用于外墙时，外墙的沿地龙骨下面要加铺防潮层，最好采用木制沿地龙骨，如果采用钢龙骨，则应在钢龙骨下面加设木质垫条，并需进行防腐处理，纸面草板隔墙的骨架连接构造见图 5-22。

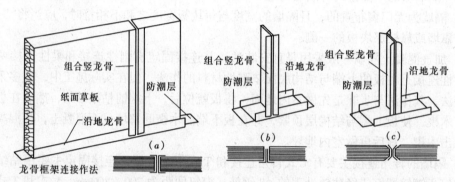

图 5-22　纸面草板隔墙的骨架连接构造

若采用砖混或金属压型板、石棉水泥波形板为外饰板的外墙时，纸面草板与外饰层之间应留有间隙（间隙大小即为通气用的龙骨宽度），以防纸面草板发霉。

用于隔墙的纸面草板，不适用于潮湿的环境。如环境湿度大于 60%，纸面上必须刷防水层、铺防水卷材等。

4.3.4　钢网泡沫塑料夹心墙板（泰柏板）隔墙施工

（1）特点和用途

泰柏板具有轻质、高强、防火、防水、隔声、保温、隔热等优良的物理性能。除以上优点外，它还具有优良的可加工性能：易于剪裁和拼接，无论是在生产厂内还是在施工现场，均能组装成设计上所需要的各种形式的墙体，甚至可在泰柏板内预先设置管道、电器设备、门窗框等，然后在生产厂内或施工现场在泰柏板上抹（或喷涂）水泥砂浆。

泰柏板的常规厚度为 76mm，它是由 14 号钢丝桁条以中心间距为 50.8mm 排列组成。板的宽度为 1.22m，高度以 50.8mm 为档次增减。墙板的各桁条之间装配断面为 50mm × 57mm 的长条轻质保温、隔声材料（聚苯乙烯或聚氯酯泡沫），然后将钢丝桁条和长条轻质材料压至所要求的墙板宽度，经此一压使得长条轻质材料之间相邻的表面贴紧。然后在宽 1.22m 的墙体两个表面上，再在用 14 号钢丝横向按中心距为 50.8mm 焊接于 14 号钢丝桁条上，使墙板成为一个牢固的钢丝网笼（图 5-23）。

（2）安装作法

泰柏板做隔墙，其厚度在抹完砂浆后，应控制在 100mm 左右。隔墙高度要控制在 4.5m 以上。泰柏板隔墙必须使用配套的连接件进行连接固定。安装时，先按设计图弹隔墙位置线，然后用线坠引至墙面及楼顶板。将裁好的隔墙板按弹线位置放好，板与板拼缝用配套箍码连接，再用铅丝绑扎牢固。隔墙板之间的所有拼缝须用联结网或"之"字条覆盖。隔墙的阴角、阳角和门窗洞口等也须采取补强措施。阴阳角用网补强，门窗洞口用"之"字条补强。

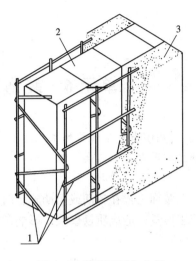

图 5-23　钢丝网架夹心板

4.3.5　石膏板复合墙板隔墙施工

石膏板复合墙板可采用单层板，也可以双层复合，中间夹层。

施工前首先对地面进行凿毛处理，用水湿润，现浇混凝土墙基。石膏复合板应从一端开始安装，设有门窗洞的墙面，先安装较短的墙板，安装时要检查每块的垂直度，不合格的要及时校正，其他施工安装做法可参照纸面石膏板隔墙。

复 习 思 考 题

1．涂料饰面工程有哪几种？每一种涂料由哪几部分组成？

2．木质基层、混凝土基层、金属基层如何处理？

3．简述彩砂涂料、钢化涂料、仿石涂料的施工工艺。

4．按安装方法吊顶可分为几类？各自有什么特点？

5．悬吊式顶棚由哪几部分组成？上人与不上人吊顶的区别是什么？

6．轻钢龙骨纸面石膏板吊顶的常用材料与机具有哪些？其施工工艺是什么？

7．什么是活动面板吊顶？

8．简述金属装饰板吊顶施工工艺。

单元 6　装饰工程季节性施工及安全技术

【知识点】了解装饰工程冬期施工的要求；熟悉装饰工程冬期施工安全技术；掌握装饰工程冬期施工方法。

装饰工程在冬期或雨期施工时，若不采用合理的施工方案及有效的防范措施，会影响施工质量，造成质量事故，影响装饰效果。

课题 1　抹灰工程的冬期施工及安全技术

1.1　抹灰工程的冬期施工

凡昼夜间平均气温低于 +5℃和最低气温低于 0℃时，抹灰工程应按冬期施工的各项规定进行施工。

1.1.1　一般要求

抹灰工程的冬期施工有两种施工方法即热作法和冷作法。

热作法是利用房屋的永久热源或临时热源来提高和保持操作环境的温度，使砂浆硬化和固结。适用于房屋内部的抹灰工程。

1.1.2　施工方法

（1）热作法施工

采用热作法施工时，操作环境温度应在 +5℃以上，并且需要保持到抹灰层基本干燥为止。

热作法施工的具体操作方法与常温施工基本相同。但应注意以下几点：

1）用冻结法砌筑的砌体，应提前加热，待砌体开冻并下沉完毕后再进行抹灰施工。

2）用抗冻砂浆法砌筑的砌体，应提前加热至 +5℃以上，以便湿润墙面时不致结冰，使砂浆与墙面粘结牢固。

3）用临时热源（如火炉等）加热时，应随时检查抹灰表面的湿度，如干燥过快发生裂纹时，应当进行洒水养护，防止裂纹继续发展，防止抹灰层空鼓脱落；同时也应定期打开门窗通风，排除湿空气。

4）用火炉加热时，必须装设烟道管排烟，以免煤气中毒及污染墙面。

5）搅拌机棚也要生火或采用其他热源取暖；抹灰量较大的工程可用立式锅炉供蒸气热水，用热水来搅拌砂浆，用蒸气来加热砂子，提高砂浆的本身温度。抹灰量小的工程可砌起临时炉灶烧热水搅拌砂浆，用大铁锅来炒热砂子或搭火炕来加热砂子。

6）对于不能采用热作法施工的工程，可采用冷作法施工。

（2）冷作法施工

冷作法施工时，应采用水泥砂浆或水泥混合砂浆。砂浆强度等级应不低于 M2.5。

一般采用的外加剂有：氯化钠（食盐）、氯化钙、亚硝酸钠、漂白粉等。外加剂的掺量应根据具体的工程特点及要求由试验室提出。

1）石灰膏的含水量可按石灰膏的稠度进行测算。

2）采用氯化钠作为外加剂时，应由专人配制溶液，提前 2d 用冷水配制 1:3（重量比）的浓溶液，将沉淀杂质清除后倒入大缸内，再加清水配制若干种符合比重要求的溶液。溶液的浓度可用比重计测定。

3）氯化钠可掺入一般硅酸盐水泥和矿渣硅酸盐水泥中，但禁止掺入高铝水泥中。各种砂浆要求随拌随用，不得停放。超过 2h 后的砂浆一般不再使用。

4）当大气温度在 −10 ~ −25℃ 之间时，对急需工程，可采用氯化砂浆进行施工。

调制氯化砂浆时，水的温度不得超过 +35℃。漂白粉应按比例掺入水内，随即搅拌融化，加盖沉淀 1 ~ 2h，澄清后使用。

5）氯化砂浆搅拌时，先将水泥和砂子干拌均匀，然后加入氯化水拌和。如用水泥石灰膏砂浆时，石灰膏用量不应超过水泥用量的 1/2。氯化砂浆应随用随拌，不能停放，一般要求在 2h 内用完。

6）对于质量要求较高的房屋（室内），当确实不能采用热作法施工时，也可以采用冷作法施工，可在使用的砂浆中掺入亚硝酸钠作为附加剂。亚硝酸钠具有一定的抗冻、阻锈作用，析盐现象也很轻微。

7）室内、室外抹灰基层表面有冰、霜时，可用热的氯化钠（食盐）溶液进行冲刷，将杂物清除干净后再进行抹灰（包括底层抹灰表面）。抹灰完毕后，可不再浇水养护。

1.2 抹灰工程的安全技术

在抹灰工程施工中，要强化安全生产工作的领导，建立安全生产责任制度；强化安全教育、实行安全考试合格才能进入操作岗位制度。

抹灰工程的一些主要安全措施如下：

1.2.1 脚手架

（1）操作前，按有关操作规程检查脚手架是否架设牢固，有无腐朽和探头板；凡不符合安全之处，应及时修理，经检查合格后方能入岗位操作。

（2）距地 3m 以上的作业面外侧，必须绑两道牢固的防护栏，并设 18cm 高的挡脚板或绑扎防护网，利用外排脚手架时，必须设 1m 高的防护栏杆。

（3）层高在 3.6m 以上抹灰，脚手架必须由架子工搭设。

（4）在多层脚手架上，尽量避免在同一垂直线上工作，需立体交叉同时作业时，应有防护措施。

（5）脚手板严禁搭设在门窗上和暖气片、水暖等管道上。

（6）无论进行任何作业，一律禁止搭设飞跳板。

1.2.2 垂直运输

（1）垂直运输工具如吊篮、外用电梯等必须在安装后经有关单位（或人员）检查合格后才能启用。垂直运输机械必须有防雷接地装置。

（2）超过 4m 高的建筑必须搭设马道；严禁乘坐吊篮等不允许载人的垂直运输机具上

下。

（3）升降吊篮的卷扬机操作处必须搭设安全顶棚，并有良好的视角。

1.2.3 机电设备

（1）电器机具必须专人负责，电动机具必须有安全可靠的接地装置，电锯等必须加安全防护装置。

（2）现场电线架设必须符合有关规章规程；不允许架设在钢管脚手上。在潮湿场所（如地下室），照明灯电压不得超过 12V。

1.2.4 施工现场

（1）进入现场必须戴安全帽，高空作业必须系安全带；二层以上外脚手处必须设置安全网，禁止穿硬底鞋、拖鞋上脚手架。

（2）洞口、电梯井、楼梯未安栏杆处等危险口必须设置盖板、围栏、安全网等。没有以上设施，操作人员不得进入现场。

（3）夜间现场必须有照明灯；洗灰池、蓄水池等必须设有栏杆。

1.2.5 冬期施工

（1）有毒的外加剂、胶粘剂、工业用盐等应在包装上标明标志；专人管理，建立收发手续，严防中毒。

（2）室内作业使用火源时，应派专人管理，防止火灾及煤气中毒；在火源周围必须设置消防设施。

（3）脚手架上有冰、雪、霜时，必须扫净后才能上人，在雨后春暖解冻时，应检查外架子，防止沉陷出现险情。

1.2.6 其他

不得从高处往下乱扔东西，脚手架上不得集中堆放材料；操作用工具应搁置稳当，以防坠落伤人。

操作人员必须遵守操作规程，听从安全员指挥，消除隐患，防止事故发生。

课题2 饰面工程的冬期施工及安全技术

2.1 饰面工程的冬期施工

饰面工程冬期，可根据当地气温和现场条件选用热做法和冷做法施工。并制定冬期施工方案，认真做好冬期施工的各项准备工作。

2.1.1 施工准备

（1）人员培训

按冬期施工方案，对测温、司炉和操作人员进行冬期施工技术交底和岗位培训。

（2）工作面安排

根据建筑物的朝向，对室外饰面操作，上午安排在东边，下午安排在西边，室内则上午安排北边房间，下午安排南边房间。

（3）保温措施

建筑物外脚手架上，利用竹编板，再挂一层草包帘挡风。建筑物的外门，外窗，全部安装好玻璃；通道和进出口，设置挡风草帘；砂浆搅拌机和堆砂场，应搭设防冻棚；水管、气管应深埋防冻。

（4）料具

冬期施工期间，宜采用普通硅酸盐水泥。冷作法施工时，根据施工方案要求，应备足抗冻外加剂。如氯化钠、氯化钙、碳酸钾、亚硝酸钠，三乙醇胺，漂白粉以及生石灰粉等冷作材料。同时应备足木桶，波梅氏比重计，乳液比重计，最高、最低温度计等。

（5）热源

有条件的工程，应尽量利用工程中的暖气片及热气设备。无条件的工程且饰面工程量大，可采用立式锅炉及供水供气管道或备足带烟囱的大炉，砂子加热火坑和备足炉灶燃料。

2.1.2 室内热作法施工

热作施工其环境温度应不低于 +5℃，并且应保持饰面粘接层到干燥时止（测温，应在地面以上 500mm 处）。热作法施工要点如下：

（1）抹灰基体，应提前预热至 +5℃以上，以及洒水润湿不致结冰，保证结合层牢固。

（2）冻结砌体，必须提前加温解冻预沉完毕。同时砌体应达到设计强度的 20%，饰面层方可施工。

（3）用火炉加热时，随时检查抹灰层温度，发现干燥过快（或产生裂纹）应在抹灰层洒水，使各层粘结牢固，防止起壳、空鼓。

（4）每一个单元房间应设通风口或定时打开窗户通风，排除湿空气。

（5）火炉加热应设排烟道，严防煤气中毒。

（6）砂浆应在暖棚内配制。一般用热水搅拌，使砂浆温度保持在 15～20℃，砂浆上墙温度应不低于 +10℃。运输途中，砂浆应采取覆盖等保温措施。

2.1.3 室外饰面冷作法施工

室外饰面板的冷作法，宜尽量采用干挂法或胶粘法镶贴。如花岗石薄板和 10～12mm 厚的镜面大理石等。制备水泥砂浆时，砂浆中应优先掺入无氯抗冻剂。如三乙醇胺等。

外加剂的使用和掺量应由实验室提出。

（1）当采用氯化钠作外加剂时，氯化钠掺量应根据大气温度确定。石灰膏的含水量与石灰膏的稠度有关，砂子的含水量，可在现场取样测定。

氯化钠溶液应提前配制，其掺氯化钠的浓度用比重计测定。氯化钠只能掺入普通硅酸盐水泥或矿渣硅酸盐水泥中，严禁掺入高铝水泥中。

（2）当大气温度在 -25～-10℃间，如工程需施工，可配制氯化砂浆，调制氯化砂浆时，水温不得超过 35℃，漂白粉按比例加入水中搅拌溶化，加盖沉淀 1～2h 后，澄清使用。

氯化砂浆搅拌程序为：先将水泥和砂干拌均匀，再加入氯化溶液拌合。如为混合砂浆，石灰用量应小于水泥用量的 1/2。氯化砂浆应随拌随用，不得贮存。

（3）冬期施工由于气温底，蒸发慢，灰浆中水泥水化所需水仅占砂浆用水量的 25% 左右，其余水均为游离水。所以冬期不需润湿墙面，可利用基层吸水，减少砂浆稠度，提高砂浆强度，避免析白。

（4）饰面砖应放入掺盐 2% 的温水中浸泡 2h 后晾干。

（5）砂浆中掺氯化钠、氯化钙等抗冻剂可降低结冰冰点。如按用水量 7.7% 加入氯化钠，可使砂浆抗冻冰点由 -1℃降至 -10℃。但抗冻剂不宜超量。

下列施工部位，砂浆不宜掺用氯盐：

1）掺盐砂浆不宜用于有绝缘要求的建筑。

2）空气中相对湿度大的地区，由于使用氯盐砂浆，饰面层返潮气温回升，墙面饰面层缝隙析盐影响美观。

3）饰面有严格要求的工程。

2.2　饰面工程的安全技术

装饰块料饰面工程，主要是在室内高凳与室外脚手架上进行，垂直运输亦靠井架或吊篮。因此安全技术应侧重注意如下方面：

（1）操作前按照搭设脚手架的操作规程，检查脚手架和高凳是否牢固。操作层兜网是否张挂齐全；围网是否挂满；隔三层是否另设一道兜网。脚手操作层护栏是否已经安设。

（2）在脚手架上操作的人数不能集中，堆放的材料应散开，存放砂浆的槽桶要放稳，木制杠尺不能一端立在脚手板上一端靠墙，要平放在脚手板上。脚手板严禁有探头板。

（3）内装饰层高在 3.6m 以下时，由抹灰工自己搭设的脚手架或采用双脚三角形高凳其间距应小于 2m，不许搭探头板。

（4）操作中严禁向下甩物件或抛用砂浆，防止坠物伤人或砂浆溅入眼中。

（5）在室内推运输小车时，尤其是过道中拐弯时要注意小车把挤手。

（6）龙门架上料，各层信号必须准确，平台口放小车时必须加垫，防止翻车；吊篮应设安全门，防止小车翻坠。

（7）脚手架妨碍操作时，应由架子工处理，严禁非架子工翻脚手板或搭设临时架子。

（8）移动式照明灯必须使用安全电压，机电设备（钻台、切割机、手电钻等）应固定专人或电工操作。小型卷场机的操作人员需经培训并考试合格后方准操作。现场一切机电设备非操作人员一律禁止乱动。

（9）多工种立体交叉作业，应有防护设施，作业人员必须戴安全帽。

（10）采用竹片固定八字尺时，注意防止竹片弹出伤人；在用钢筋卡子卡八字尺时，注意防止因卡子滑脱而摔倒。

（11）在使用悬吊脚手时，悬吊架应固定牢固，吊环、钢丝卡具应紧固，吊篮应有保险绳，操作人员应系安全带。

（12）冬期施工，室内热作业应防止煤气中毒。热源应专人管理防止引起火灾。外架应扫雪防滑，化冻时应检查外脚手架防止下沉。

（13）射钉枪或风动工具，应由经过专门培训的工人负责操作。

（14）电动工具应安设漏电掉闸装置。

（15）剔凿瓷砖或手折断瓷砖，应戴防护眼镜和手套。

课题 3　涂料工程的冬期施工及安全技术

3.1　涂料工程冬期施工

当室外平均气温低于 +5℃和最低气温低于 −3℃时，涂料工程施工时应按冬期施工的有关要求进行。

冬期期间进行涂料工程施工，应采取以下措施：

（1）基层（木材面、抹灰面、金属面）必须充分干燥，在冬期期间如不能使其充分干燥时，则不宜施工。

（2）进入冬期施工期，应将室外的涂料工程施工完，充分利用气温高的时间，先阴面后阳面，组织力量，尽快施工。

（3）合理选用涂料品种，选用最低成膜温度较低的涂料。一般来说，水性涂料最低成膜温度都较高，冬期期间，绝大多数水性外墙涂料不能施工，只有少数品种能在此期间施工。而溶剂型涂料的最低成膜温度相对地低一些。

（4）当使用溶剂型涂料时，可以适量加入催干剂（加入量不大于3%），促使涂料快速干燥。例如冬期刷调合漆，在涂料中加入调合漆重2.5%的催干剂和5%的松香水，可在24h内达到充分干燥。

（5）在冬期施工期间，涂料中不可随意加入稀释剂。

（6）一般情况下，不可将涂料进行加热处理。

（7）防止腻子冰冻可采取下列措施：

1）在熟桐油内加入一定数量的催干剂。

2）在加入的水内掺$\frac{1}{4}$的酒精。

3）调腻子的水要用热水。

4）将熟桐油加热到不低于10℃，但不能太高。

5）在每天气温最高时抢嵌腻子。

（8）室内涂料工程施工时，应尽量利用抹灰工程的热源，保持和提高环境温度。涂刷门窗等处的涂料时可在室内生炉子提高环境温度。涂刷后若室内抹灰面没有充分干燥，而室温已达到要求时，就要撤去火炉，驱出潮气和煤烟，以免影响施工质量。

（9）冬期室内涂料施工，应先安装玻璃，夜间应将门窗关闭，以利保温和防止风、雪、霜、露的侵蚀。

3.2　涂料工程安全技术

3.2.1　施工操作安全措施

（1）对施工操作人员进行安全教育，使之对使用的涂料的性能及安全措施有基本了解，并在操作中严格执行劳动保护制度。

（2）高空作业，必须系安全带。脚手板必须有足够的宽度，搭接处要牢固。操作者必须思想集中、不能麻痹大意，或工作中开玩笑，以防跌落。

（3）施工现场必须具有良好的通风条件，在通风条件不良的情况下，必须设置临时通风设备。

（4）在木材白槎面上磨砂纸时，要注意戗槎，以防刺伤手指；磨水砂纸时，宜戴上手套。

（5）在除锈、铲除污染物以及附着物过程中，应戴防护眼镜，以免眼睛沾污受伤。

（6）用喷砂除锈，喷嘴接头要牢固，不准对人。喷嘴堵塞，应停机消除压力后，方可进行修理或更换。

(7) 使用喷灯，加油不得过满；打气不能过足，使用的时间不宜过长，点火时火嘴不准对人。

(8) 使用氢氧化钠浸蚀旧漆时，须戴上橡皮手套和防护眼镜。

(9) 涂刷有害身体的涂料和清漆时，须戴防毒口罩和密封式防护眼镜。

(10) 涂刷红丹防锈漆及含有铅颜料的涂料时，要戴口罩，以防铅中毒。

(11) 手或外露的皮肤可事先涂抹保护性糊剂。糊剂的配比为：滑石粉 22.1%、淀粉 4.1%、植物油或矿物油 9.4%、明胶 1.9%、甘油 1.4%、硼酸 1.9%、水 59.2%。涂抹前，先将手洗干净，然后将糊薄抹在外露的皮肤或手上。

(12) 改善操作现场环境，如红丹类等涂料尽量采用刷涂，少用喷涂，以减少飞沫及气体吸入体内。操作时，尽量站在上风口。

(13) 手上或皮肤上粘有涂料时，要尽量不用有害身体的溶剂洗涤。可用煤油、肥皂、洗衣粉等洗涤，再用温水洗净。

(14) 下班时或吃饭前必须洗手洗脸。使用有害身体的涂料时间较长时需用淋浴冲洗。

(15) 施工人员在操作时，感觉头痛、心悸或恶心时，应立即离开工作地点，到通风处休息。

3.2.2 防火措施

(1) 料房与建筑物必须保持一定的安全距离；要有严格的管理制度，专人负责；料房内严禁烟火，并有明显的标志；配备足够的消防器材。

(2) 沾染涂料的棉丝、破布、油纸等废物应收集存放在有盖的金属容器内，及时处理，不得乱扔。

(3) 料房内的稀释剂和易燃涂料必须堆放在安全处，切勿放在门口和人经常运动的地方。

(4) 工作完毕，未用完的涂料和稀释剂应及时清理入库。

(5) 在掺入稀释剂、快干剂时，禁止烟火，以免引起燃烧。

(6) 喷涂场地的照明灯应用玻璃罩保护，以防漆雾沾上灯泡而引起爆炸。

(7) 木地板、门窗铲下的油皮应及时烧掉、水泡或土埋，以免自燃起火。

(8) 熬胶、熬油时，应清除周围的易燃物和火源，并应配备相应的消防设施。

课题 4 装饰工程雨期施工

装饰工程在雨期施工时，要注意以下几点：

(1) 雨天不准进行室外抹灰，至少应能预计 1~2d 的天气变化情况。对已经施工的墙面，应注意防止雨水污染。

(2) 室外抹灰应尽量在做完屋面后进行，至少做完屋面找平层，并做完一层防水材料。

(3) 雨天不宜作罩面油漆。

复习思考题

1．抹灰工程的冬期施工有哪些施工方法，各种方法适用的条件是什么？
2．抹灰工程中脚手架搭设需有哪些安全措施？
3．饰面工程的冬期施工应采取哪些保温措施？
4．在饰面工程中哪些部位不宜掺用氯盐？
5．涂料工程冬期施工应采取哪些措施？

实 训 课 题

工 程 实 例

某综合楼工程，正立面为斩假石饰面，施工完成后，局部出现小面积空鼓、颜色深浅不一。

1．原因分析

（1）混凝土基层太光滑，残留在表面的隔离剂没有彻底清理干净，使底层砂浆产生空鼓。

（2）中层砂浆强度高于底层砂浆强度，中层砂浆产生较大的干缩应力，拉起底层砂浆，加速底层空鼓。

（3）拌和面层石子浆时，白色石粒大小不一，漏掺石屑，石子浆层虽然分两次抹平，拍打次数过多，局部出现泛浆。

（4）分隔缝设置太大，又受脚手架高度影响，局部分隔缝区内分两次抹完，留有接槎痕迹。

（5）剁斩前，没有用软刷蘸水把表面水泥浆刷掉，致使石粒显露不均匀。

（6）剁石用力不一，剁纹深浅不一。

2．施工方案

（1）工艺流程

材料准备→抹底层及中层砂浆→弹线、贴分格条→抹面层水泥石子浆→斩剁面层

（2）材料准备

1）水泥：宜采用不低于强度等级32.5级的普通水泥或白水泥、彩色水泥等，所用的水泥必须是同一厂家、同一强度等级、同一批号、同一颜色，并且应一次进足。

2）石子：要求颗粒坚硬，有棱角、洁净。

（3）操作方法

1）抹底层：基层处理，用素水泥浆刷一道后马上采用1:2或1:2.5水泥砂浆抹底层，表面拉毛。砖墙基层需抹中层，砂浆采用1:2水泥砂浆，表面拉毛，24h后浇水养护。

2）弹线、贴分格条：按设计要求弹出分格线，粘贴经水浸透的木分格条。

3）抹面层：面层石粒浆的配比用1:1.25或1:1.5，稠度为5~6cm。石子为2mm的白

色米粒石内掺粒径在 0.3mm 左右的白云石屑。抹面层前先根据底层的干燥程度，浇水湿润，刷素水泥浆一道，然后用铁抹子将水泥石粒浆抹平，厚度为 13mm，再用木抹子打磨拍实，上、下顺势溜直。不得有沙眼、空隙。并且每分格区内水泥石粒浆必须一次抹完。石粒浆抹完后，即用软毛刷蘸水顺剁纹方向把表面水泥浮浆轻轻刷掉，露出石粒至均匀为止，不得蘸水过多，用力过重，以免把石粒刷松动。石粒浆抹完后不得暴晒或冰冻雨淋，24h 浇水养护。

4）斩剁面层：在正常温度下，面层抹好 2~3d 后，即可试剁。试剁时，以墙面不掉，容易剁痕，声音清脆为准。斩剁的顺序一般为先上后下，由左到右，先剁转角和四周边缘，后剁中间墙面。转角和四周剁水平纹，中间剁垂直纹，先清剁一遍，再盖着前一遍的剁纹剁深痕。剁纹的深度一般按 1/3 石粒的粒径为宜。在剁墙角柱边时，宜用锐利的小斧轻剁，以防止掉边缺角；斩剁完后，墙面用水冲刷干净，在分格缝处按设计要求在缝内作凹缝及上色。

实 训 思 考 题

请针对以下实例分别制定合理的施工方案。

【思考题一】

某中学教学楼，砖砌体结构。为了不影响秋季开学，进入室内抹灰工程阶段，赶工期导致面层多处开裂、空鼓，水泥砂浆抹面的踢脚线脱壳。

原因分析

（1）门窗框位置安装偏移，与墙体连接不牢的情况下，没有进行纠偏和加固处理，缝隙一次嵌灰过厚，砂浆用量大，干缩，抹灰层开裂。

（2）基层平整度差，局部一次抹灰厚度大于 10mm，干缩开裂、脱层。

（3）墙砖敷设管线剔槽太浅，抹灰厚度偏薄，造成空鼓、开裂。

（4）踢脚线施工后于墙面纸筋灰罩面，在墙面与踢脚线交接处的纸筋面层没有被清除，用水泥砂浆直接抹除踢脚线，两种材料干缩比不同，强度各异，踢脚线空鼓。

【思考题二】

某小学新建一栋 2 层砖砌体结构教学楼，抹面工程正逢夏季。秋季开学时，发现抹面多处有抹纹、起泡、开花，北向窗下内墙潮湿。

原因分析

（1）砂浆稠度小，和易性差，抹罩面灰后，水分很快被底层吸收，抹压不顺，出现抹纹。

（2）面层抹压不紧密，面层与底层间留有空隙。

（3）石灰淋制熟化时间少于 30d。抹灰后继续熟化，体积膨胀，造成抹灰面开花。

（4）南向有处走廊挡雨水，故无墙面潮湿现象。北面窗台抹面高于窗框，水泥沙浆干缩，面层与下窗框之间形成缝隙，雨水沿缝隙渗入墙体。因赶工期外窗台漏做滴水槽。

【思考题三】

某营业大厅按业主的要求，铺设大理石板材，工期要求较紧，施工单位临时召集部分民工参与铺设。竣工交付使用前，出现空鼓、接缝不平，板材开裂质量通病。

原因分析

（1）为了赶工期，本应涂刷水泥素浆结合层，被改用大面积撒干水泥、撒水扫浆，造成水灰比失控，拌和不均匀，失去粘结作用。

（2）基层不平，本应用细石混凝土找平后，再铺设干性水泥砂浆，因赶工期，省去了前道工序，局部干缩开裂。

（3）分段铺设板材，对前段铺设的板材，一直没有洒水养护，砂浆硬化过程中缺水，干缩开裂。

（4）没有认真进行产品保护，养护期间，人员在面层上扛重物，行走频繁。

【思考题四】

某公司大楼外墙采用奶黄色涂料涂饰，采用弹涂工艺。竣工验收时，发现大楼正立面两侧墙面均出现色点、起粉、变色、析白现象。

原因分析

（1）基层太干燥，色浆很快被基层吸收，致使色浆中的主要基料水泥水化缺水，降低了色浆与基层的粘结强度。

（2）掺入的颜料太多，颜料颗粒又细，不能全部被水泥浆包裹，降低了色浆强度，因而起粉、掉色。

（3）涂层未干燥，用稀释的甲基硅酸钠罩面，将湿气封闭，诱发色浆中的水泥水化分泌出氢氧化钙，即析白。由于析白不规则出现，造成涂层局部变色发白。

参 考 文 献

1 马有占主编. 建筑装饰施工技术. 北京：机械工业出版社，2003
2 张书梅主编. 建筑装饰材料. 北京：机械工业出版社，2003
3 舒秋华主编. 房屋建筑学（第二版）. 武汉：武汉理工大学出版社. 2003
4 建设部发布. 工程建设标准强制性条文. 房屋建筑部分. 2002 年版. 北京：中国建筑工业出版社，2002
5 宁仁岐主编. 建筑施工技术（教育部高职高专规划教材）北京：高等教育出版社，2002
6 张厚先，王志清主编. 建筑施工技术（21 世纪建筑工程系列规划教材）北京：机械工业出版社，2003
7 杨南方，尹辉主编. 建筑工程施工技术措施. 北京：中国建筑工业出版社，1998